辽宁乡村振兴农业实用技术丛书

刺参绿色高效养殖技术

主 编 李石磊 董 颖

U0395390

东北大学出版社

·沈 阳·

ⓒ 李石磊 董 颖 2023

图书在版编目（CIP）数据

刺参绿色高效养殖技术 / 李石磊，董颖主编. — 沈
阳：东北大学出版社，2023.12
　ISBN 978-7-5517-3479-0

　Ⅰ. ①刺… Ⅱ. ①李… ②董… Ⅲ. ①刺参－海水养
殖－无污染技术 Ⅳ. ①S968.9

中国国家版本馆 CIP 数据核字（2024）第 017242 号

出　版　者：东北大学出版社
　　　　　　地址：沈阳市和平区文化路三号巷 11 号
　　　　　　邮编：110819
　　　　　　电话：024-83687331（市场部） 83680267（社务部）
　　　　　　传真：024-83680180（市场部） 83680265（社务部）
　　　　　　网址：http://www.neupress.com
　　　　　　E-mail: neuph@neupress.com
印　刷　者：辽宁一诺广告印务有限公司
发　行　者：东北大学出版社
幅面尺寸：145 mm×210 mm
印　　张：6
字　　数：156 千字
出版时间：2023 年 12 月第 1 版
印刷时间：2024 年 1 月第 1 次印刷
策划编辑：牛连功
责任编辑：杨世剑　王　佳　　　　　　责任校对：周　朦
封面设计：潘正一　　　　　　　　　　责任出版：唐敏志

ISBN 978-7-5517-3479-0　　　　　　定　价：28.00 元

"辽宁乡村振兴农业实用技术丛书"
编审委员会

丛书主编　隋国民

副　主　编　史书强

编　　委　袁兴福　孙占祥　武兰义　安景文

　　　　　李玉晨　潘荣光　冯良山

顾　　问　傅景昌　李海涛　赵奎华

分册主编　李石磊　董　颖

分册编委　（按编写章节顺序排序）

　　　　　陈　仲　曹　琛　姜　北　张　乾

　　　　　王笑月　蒋经伟　宋　钢　王旭达

　　　　　赵振军　叶　博　杨博学　高学文

　　　　　刘丹妮

前　言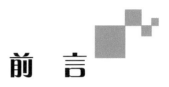

　　海参是棘皮动物门海参纲物种的统称，全世界约有 1200 种，全部生活在海洋中。在我国，海参被列为"海产八珍"之一，食用历史可追溯至三国时期。我国海域分布的海参有 140 多种，其中约有 20 种可供食用，其中以自然生长在黄渤海区的刺参品质最佳。清代著名医学家赵学敏撰写的《本草纲目拾遗》记载，"辽东产之海参，体色黑褐，肉糯多刺，称之为辽参或刺参，其品质最佳而药性甘温无毒，具补肾壮阳，生脉血，治下痢及溃疡等功效"。刺参富含蛋白质、黏多糖、不饱和脂肪酸、海参皂苷及多种生物活性物质，具有强化机体免疫力、延缓衰老、降低胆固醇、降血压、抗疲劳等功效。

　　随着人民生活水平的提高和保健意识的增强，海参的营养保健作用得到了广泛的认同和应用，形成了以亚太地区为中心的贸易和消费市场。国内外市场对海参需求量的日益增长，使野生海参被过度捕捞，自然资源趋于枯竭。为了解决市场需求扩大与自然资源匮乏的矛盾，许多国家开展了海参人工增养殖技术的研究，但到目前为止，刺参仍是唯一人工规模化养殖的品种。

　　日本于 20 世纪 30 年代率先进行了刺参育苗技术研究。我国刺参人工育苗研究始于 20 世纪 50 年代，辽宁、山东等省于 70 年代开始联合攻关，在 80 年代中期获得重大突破，建立了人工育苗技术生产工艺，于 90 年代后期建立了成熟的刺参池塘养殖技术体系。此后的 20 余年里，我国北方沿海刺参养殖迅猛发展，并向福建等省扩展。在刺参养殖规模不断扩大的同时，刺参养殖方式也趋于多样化，形成了底播、池塘、围堰、网箱、吊笼、工厂化等多种养殖模式，使刺参逐步发展为海水养殖业中单一产值最大的养殖品种。《2023 中国渔业统计年鉴》数据显示，至 2022 年，我国刺参苗种产量达到 628.03 亿头，养殖面积 25.03 万 hm^2，养殖产量 24.85 万 t，全产业链产值近 1000 亿元。辽宁省作为刺参主产区，2022 年养殖面积达到 15.83 万 hm^2，位居全国第一位；苗种和养殖产量分别达到 201 亿头和 8.61 万 t，刺参养殖成为辽宁海水养殖重要的支柱产业，在海水养殖结构调整、渔业增效和渔民增收等方面发挥了重要作用。

随着产业的快速发展，刺参养殖也出现了一些新的问题，如苗种质量参差不齐、良种覆盖率低、养殖模式粗放、养殖单产较低、病害和灾害频发等，制约了产业的持续稳定发展。在"辽宁乡村振兴农业实用技术丛书"编审委员会指导下，我们组织辽宁省农业科学院海科院刺参领域有坚实理论基础和丰富实践经验的专业技术人员，集成多年在刺参苗种繁育、生态养殖、病害防控方面取得的基础理论和技术成果，承担本分册编写工作。按照"辽宁乡村振兴农业实用技术丛书"的总体要求，本分册以养殖生产实用技术为切入点，以乡村振兴科技需求为导向，着力解决刺参产业发展中存在的实用技术不足、实用性和适用性不强等实际问题，旨在为辽宁省刺参养殖从业人员提供实用的新知识、新理念、新技术和新模式，提升专业技能，通过生态健康养殖技术的应用示范，带动刺参养殖业的科技进步，保证刺参产品的质量安全。

本分册由李石磊、董颖担任主编。本分册内容分为六章：第一章"刺参生物学特性"由陈仲编写，第二章"刺参苗种生态繁育技术"由曹琛、姜北编写，第三章"刺参池塘健康养殖技术"由张乾、王笑月编写，第四章"刺参常见病害及防治"由蒋经伟、宋钢编写，第五章"刺参养殖用益生菌培养及应用"由王旭达、赵振军编写，第六章"刺参营养需求及高效饲料"由叶博、杨博学编写。本分册由高学文、刘丹妮负责统稿。

本分册在编写过程中，注重内容的科学性和实用性，力求能为刺参养殖从业人员提供理论和实践指导。同时，引用和参考了国内外其他专家学者的文献，因篇幅所限，未能全部列出，在此向所有文献作者致以诚挚的谢意！参加本分册的编写者是多年从事刺参养殖技术研究的一线科技人员，因水平有限，本分册难免存在疏漏和不足之处，敬请读者指正。

编　者

2023 年 6 月

目 录

第一章 刺参生物学特性

🍀 第一节 概论

一、海参的分类

海参是所有隶属于棘皮动物门海参纲物种的统称。海参纲的分类系统不断在修订，目前采用较多的是 Pawson et Fell 于 1965 年建立的分类系统，即把海参纲分为 3 个亚纲 6 个目 24 个科（表 1-1）。

表 1-1 海参的分类

纲	亚纲	目	科
海参纲 Holothuroidea	枝手亚纲 Dendrochirotacea	枝手目 Dendrochirotida	板海参科 Placothuriidae
			拟瓜参科 Paracucumariidae
			箱参科 Psolidae
			异赛瓜参科 Heterothyonidae
			沙鸡子科 Phyllophoridae
			硬瓜参科 Sclerodactylidae
			瓜参科 Cucumariidae

表1-1(续)

纲	亚纲	目	科
海参纲 Holothuroidea	枝手亚纲 Dendrochirotacea	指手目 Dactylochirotida	高球参科 Ypsilothuriidae
			华纳参科 Vaneyellidae
			葫芦参科 Rhopalodinidae
	楯手亚纲 Aspidochirotacea	楯手目 Aspidochirotida	海参科 Holothuriidae
			刺参科 Stichopodidae
			辛那参科 Synallactidae
		平足目 Elasipodida	幽灵参科 Deimatidae
			深海参科 Laetmogonidae
			乐参科 Elipidiidae
			碟参科 Psychropotidae
			浮游海参科 Pelagothuriidae
	无足亚纲 Apodacea	无足目 Apodida	锚参科 Synaptidae
			指参科 Chiridotidae
			深海轮参科 Myriotrochidae
		芋参目 Molpadida	芋参科 Molpadiidae
			尻参科 Caudinidae
			真肛参科 Eupyrgidae

二、海参资源分布

海参分布于世界各大洋潮间带至万米水深的海域，绝大多数在礁石、泥沙及海藻丛生的海底营底栖生活。全球已知海参有1200多种，已开发食用的有60多种。按照生长区域不同，可以分为热带区海参和温带区海参。热带区海参种类多、资源量大，分布于太平洋热带区及印度洋；可食用的主要有10余种，包括黑沙参、白沙参、糙海参、多色糙海参、棘辐肛参、乌皱辐肛参、梅花参、绿刺参、花刺参等。温带区海参资源较单一，种类较少，主要分布于太平洋东西两岸的温带区，东岸以美国红海参为主，西岸以刺参为主。

我国海域分布的海参有140多种，沿海各省都有海参出产。经济价值较高的主要隶属于楯手目的海参科和刺参科。海参科的主要经济种类有白底辐肛参、糙海参、蛇目白尼参等。刺参科的主要经济种类有刺参、梅花参、绿刺参等（图1-1）。其中刺参是唯一的温带区种类，其他为热带区种类（表1-2）。

（a）刺参 　　　　　　　　　　（b）梅花参

（c）糙海参 　　　　　　　　　　（d）绿刺参

图1-1　我国主要的海参经济种类

表1-2 我国海参主要种类的自然分布

目	种	又名及主要分布海区
楯手目 Aspidochirotida	刺参 *Apostichopus japonicus*	又名仿刺参、灰刺参，分布于黄海、渤海海区
	梅花参 *Thelenota ananas*	又名凤梨参，分布于西沙群岛
	糙海参 *Holothuria scabra*	又名明玉参，分布于西沙群岛、南沙群岛和海南岛
	绿刺参 *Stichopus cheoronotus*	又名方柱参、方刺参，分布于西沙群岛、南沙群岛和海南岛南部
	花刺参 *Stichopus variegatus*	又名黄肉参、方参，分布于北部湾、西沙群岛、南沙群岛、海南岛等
	黑乳参 *Holothuria Nobilis*	又名乌参、开乌参，分布于西沙群岛和海南岛南部海域
	玉足海参 *Holothuria eucospilota*	又名荡皮参，分布于西沙群岛、海南岛、广东至福建东山沿海
	蛇目白尼参 *Bohadschia argus*	又名蛇目参，分布于西沙群岛和海南岛
	白底辐肛参 *Actinopyga mauritianau*	又名白底靴参、靴参，分布于西沙群岛、南沙群岛和海南岛南部

表1-2(续)

目	种	又名及主要分布海区
枝手目 Dentrochirota	刺瓜参 *Pseudocnus echinatus*	又名花生米，分布于广东和福建浅海区
芋参目 Molpadonia	海地瓜 *Acaudina molpadioides*	又名茄参、海茄子，体型酷似地瓜，我国沿海浅海均有分布
	海棒槌 *Paracaudina chilensis*	又名海老鼠，我国各海区近岸均有分布
无足目 Apoda	纽细锚参 *Patinapta ooplax*	我国潮间带广为分布
	棘细锚参 *Protankyra hidentata*	

三、刺参的分类地位和地理分布

我国棘皮动物分类专家廖玉麟将刺参的分类地位确定为：棘皮动物门（Echinopermata）游走亚门（Eicutherozoa）海参纲（Holothuroidea）楯手目（Aspidochirotida）刺参科（Stichopodidae）仿刺参属（*Apostichopus*）仿刺参（*Apostichopus japonicus*）。本书遵循多年的习俗称之为"刺参"。

刺参是我国食用海参中唯一的温带种，主要分布于太平洋西北沿岸，在中国的黄海、渤海，以及俄罗斯远东沿海、日本的太平洋沿岸、朝鲜半岛都有分布，我国刺参自然种群主要分布在辽宁省大连、葫芦岛，山东省烟台、威海及青岛，河北省北戴河、秦皇岛等沿海水域。江苏省连云港外的平山岛是刺参在中国自然分布的南界。

四、刺参养殖产业发展历史和现状

1. 刺参养殖产业发展历史

由于刺参天然产量不能满足市场需求，国内外学者从 20 世纪初便开始对刺参的生物学特性、人工育苗和增殖措施等进行研究。日本率先于 20 世纪 30 年代进行了刺参生活史、食性等研究，50 年代利用野生亲参解剖取卵、授精，在实验室培育获得少量幼参；作为产业性的苗种来源，日本主要开展了小规模的海区投礁半人工采苗试验。我国对刺参的研究工作也始于 20 世纪，50 年代中国科学院海洋研究所张凤瀛等利用相同的方法，在实验室培育出耳状幼体和少量幼参。直到 20 世纪 70 年代末 80 年代初，在国家相关科技发展计划支持下，刺参的繁殖生物学取得了重要进展；通过辽宁、山东、河北等省科研部门及生产单位的联合攻关，我国在刺参苗种规模化人工繁育技术方面取得重要突破，满足了刺参规模化养殖的苗种需求，为产业迅速发展提供了苗种保障，为我国刺参增养殖业的发展奠定了坚实的基础。

20 世纪 80 年代中后期，我国相继开展了刺参增养殖模式等关键技术研究，90 年代养殖工艺得到了发展和完善。特别在 90 年代中期，当池塘养殖对虾出现大规模病害引起产业衰败时，利用闲置虾池，刺参迅速发展成为我国北方最主要的养殖品种，形成了第 5 次海水养殖浪潮，为海水养殖产业结构调整和可持续发展作出巨大贡献。至 2003 年，刺参苗种产量 57.23 亿头，养殖面积达到 4.7 万 hm^2，养殖产量达 3.89 万 t，刺参养殖相关统计数据第一次被记录在《2003 中国渔业统计年鉴》中。

之后，经过十多年的快速发展，目前刺参养殖已经打破了品种的自然区域分布，形成了从北到南、自东到西，由沿海到滩涂再到工厂化的养殖格局；养殖区覆盖辽宁省、山东省沿海，并延伸到福建、浙江等省沿海；养殖模式包括底播、围堰、池塘、吊笼、网箱、陆基工厂化；养殖产量也节节攀升。《2023 中国渔业统计年鉴》数据显示，至 2022 年，全国刺参养殖面积达 375.45 万亩[①]，养殖产量达 24.85 万 t，成为我国海水养殖品种中单品产值最高的品种。其中，山东、辽宁和福建是三大主产区，产量分别占全国刺参总产量的 40.3%，34.7%，18.3%。刺参养殖产业发展同时带动了加工、饲料、养殖设施等产业的快速发展，全产业链年产值超过 1000 亿元。

2. 辽宁刺参养殖产业发展现状

清代著名医学家赵学敏在《本草纲目拾遗》卷十·虫部·海参中记载，"药鉴：海参出盛京奉天等处者第一，色黑肉糯多刺，名辽参刺参"。这是"辽参"一词最早的出处，其中"海参出盛京奉天等处者第一"指出了辽参的品质地位，"色黑肉糯多刺"阐述了辽参的生物学特性。辽宁刺参因独特的地理环境、悠久的传统文化、优良的产品品质而享誉海内外。1976 年，在大连市旅顺老铁山距今 4000 多年前的郭家村遗址中出土了大量陶罐，其中一部分陶罐身上布满了大小不一的乳钉，形状酷似海参，被当地人称为"海参罐"（图 1-2）。"海参罐"的发现说明新石器时代的先民已经认识到海参的营养价值，甚至把海参当作图腾顶礼膜拜。古代典籍中关于辽参的论述不胜枚举，最著名的当属明代谢肇淛在《五杂俎》中的记述："海参辽东海滨有之，一名海男子，其状如男子势然，淡菜之对也，其性温补，足敌人参，故名曰海参。"

作为刺参的原产地和传统主产区，辽宁省刺参养殖产业的发展历史与全国刺参养殖产业的发展历史高度契合。1978 年开始，

[①] 亩为非法定计量单位。1 亩 ≈ 666.7 米^2，此处使用为便于读者理解，兼顾生产应用习惯，下同。——编者注

图1-2　旅顺郭家村遗址出土的新石器时期红陶"海参罐"

辽宁省海洋水产研究所（辽宁省海洋水产科学研究院前身）承担了"农、林、牧、渔业一九七八年科学技术发展计划"之"海水养殖技术的研究（渔04海参等）"项目。隋锡林研究员领导的课题组开展了刺参生理生态学及养殖生态学基础研究，在国内率先阐明了刺参的生殖周期及产卵习性，胚胎、幼体及幼参发育各阶段的生态习性，并以此为基础，形成了苗种人工培育、高密度培养和大规格苗种育成等技术工艺。

20世纪90年代，该课题组和养殖企业联合开展了刺参养殖生态学研究，形成了池塘养殖模式和技术工艺，并进行了产业化推广，使刺参养殖产业从无到有，实现快速发展。刺参的养殖区域由最初仅在大连市养殖，逐渐扩展到从丹东市到葫芦岛市的整个辽宁沿海。至2022年，辽宁刺参苗种培育水体约200万 m³，产量由2003年的18亿头增加至201亿头；养殖面积达237.5万亩，养殖产量达8.6万t，辽宁省刺参养殖产值近300亿元，刺参成为辽宁单品产值最大的海水养殖品种，刺参养殖成为辽宁渔业经济的支柱性产业之一。

❀ 第二节　刺参的形态特征

一、外部形态

1. 外形

刺参体呈扁平圆筒形，分为背、腹两面，左右对称。腹面［图1-3（a）］略扁平；背面［图1-3（b）］稍隆起，两端细细。腹面比较平坦，整个腹面管足密集，排列为不规则的三纵带。管足末端生有吸盘，靠管足伸缩，吸附于海底或撑体前进。背面及两侧生有4~6行大小不等、排列不规则的圆锥状疣足（肉刺），是变形的管足，疣足的大小和排列常随产区及个体大小而异。

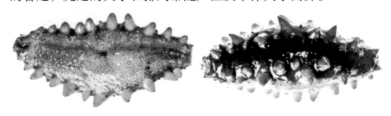

（a）腹面　　　　　　　　（b）背面

图1-3　刺参腹面和背面观

刺参身体柔软，伸缩性很大，可随意改变体形，有利于潜伏在岩石下面或钻进礁石缝中；在受到外界刺激时收缩。刺参在伸展状态下体长一般为15~20 cm，最长达40 cm，直径为3~6 cm。

2. 体色

刺参体色与栖息环境及摄食的饵料有关，一般多为青灰，另有黄褐、黑褐、绿褐，少数为赤褐色，还有极少紫色和白化的纯白色，见图1-4。

图1-4　不同体色的刺参

3. 触手

刺参有20个楯形触手，是摄食及感觉器官，位于体前端腹面口周围，呈环状排列，顶端有非常发达的分支，具触手坛囊。刺参用触手扫、扒、黏底质表层中的底栖硅藻、海藻碎片、细菌、微小动物、有机碎屑等，将这些物质连同泥沙一起摄入口中。图1-5所示为刺参外形及触手。

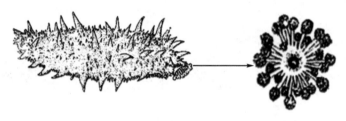

图1-5　刺参外形及触手

（资料来源：廖玉麟. 中国动物志　棘皮动物门　刺参纲［M］. 北京：科学出版社，1997.）

4. 口、肛门及生殖孔

刺参的口偏于腹面，位于体前端的围口膜中央，入口处呈现环状突起。肛门位于体后端，稍偏于背面。在体前端背部第一对较大疣足的前后有一个生殖孔，性腺发育到一定程度时会有黑色素沉着，颜色较深，呈圆形凹陷状，直径4~5 mm，中间有一生殖疣。生殖孔在生殖季节自然环境下明显可见，其他季节难以辨认。

二、内部构造

1. 体壁

刺参体壁柔韧，富含结缔组织，是食用的主要部分。体壁由四层组成，分别是上皮层、皮层、肌肉层、体腔上皮层（体腔膜）。上皮层（又叫角质层）由单层的表皮细胞组成，分布在体表面，起保护刺参内脏器官的作用，表皮细胞可分泌黏液，以润滑身体。皮层是上皮层下面较厚的胶质皮层，主要由非常厚的结缔组织构成，皮层的厚薄及丰满度是衡量商品刺参质量好坏的主要标准。肌肉层由环肌和纵肌两层组成。环肌位于皮层下方，为连续的肌肉层。当刺参身体收缩时，环肌收缩，使其身体变细。另外有 5 条成束的纵肌，分别位于五步带区，前端固着于石灰环上，后端依附在肛门周围，刺参依靠纵肌的伸缩及其与环肌的协同作用，加之管足的配合进行蠕动和爬行。在肌肉层下，体腔上皮层衬托在体壁内，是包围着体腔的一层薄膜（即体腔膜），内有脏器和体腔液。体腔膜延伸与肠相连，共有 3 片，称为悬肠膜。

2. 消化系统

刺参消化系统由口、咽、食道、胃、肠及排泄腔组成。整个消化道是一条纵行管，最前端是口，口内无咀嚼器，不具备咀嚼能力，只能吞咽食物。咽部下段为食道，食道下段接富有弹性的胃囊；胃下段为肠管，长度为体长的 3 倍多，靠腹壁的悬肠膜连接悬挂在体腔内。肠壁很薄，前部多为黄色，后部为浅黑色，整个肠在体腔内经过 3 次弯曲；肠末端膨大部分形成排泄腔，周围有许多放射状肌肉连接在体壁上，靠肌肉伸缩可使海水进出呼吸树，或者排出粪便，起到呼吸和排便的作用。图 1-6 为刺参整体解剖图。

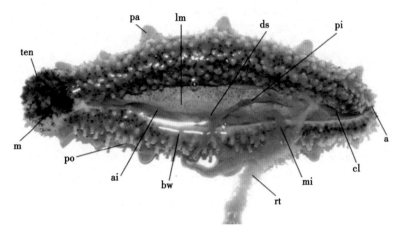

图1-6 刺参整体解剖图

ten—触手；pa—疣足；lm—纵肌；ds—背血窦；pi—后肠；a—肛门；cl—排泄腔；

mi—中肠；rt—呼吸树左支；bw—体壁；ai—前肠；po—管足；m—口

（资料来源：朱峰. 仿刺参 *Apostichopus japonicus* 胚胎发育和主要系统的组织学研究［D］.

青岛：中国海洋大学，2009.）

3. 呼吸系统

刺参的呼吸树、皮肤和管足都能发挥呼吸作用。呼吸树是从排泄腔延伸出的一条短而粗的薄壁管，分出两分支的盲囊，深入体腔中，外形呈树枝状，因此得名呼吸树。海水经由肛门进入排泄腔，然后流入呼吸树，吸收氧气，排出二氧化碳。刺参管足的壁很薄，水中的氧可经由管足吸收，二氧化碳由此排出体外；皮肤呼吸在刺参的整体呼吸中占有一定比例，并且随着水温升高比例也加大。

4. 水管系统

水管系统又称步管系统，分为环状水管和辐水管。

环状水管是在石灰环后方无色透明的小环，围绕着食道。在环状水管的腹侧，伸出一个膨大且尖端变细的盲囊，称波里氏囊，一般认为它具有调节水管内水压的作用。环状水管的背侧有一个细而白的细管，称石管。石管嵌在背悬肠膜内，末端为筛板，是体腔液进出水管系统的通道。

从环状水管发出 5 条辐水管，每个辐部有一条，分别沿 5 条纵肌向后延伸至体末端。同时，辐水管向两侧分出许多侧枝，腹面的侧枝接连管足，背面的侧枝连接疣足。在管足的基部形成坛囊。坛囊的肌肉伸缩能力很强，囊内有瓣状的构造，能配合囊的伸缩使水流出入管足，坛囊的收缩膨胀作用亦可帮助身体运动。

5. 循环系统

刺参无心脏，血循环系统由包围咽的环血管及其分支和沿着消化道的肠血管组成，血液为透明的淡褐色。刺参的循环器官已完全与外界断绝连通，食道上围在水管之下有一个血管环，分出 5 条辐射血管，沿五步带区埋于皮肤肌肉层中，一直延伸至体后端。肠血管有两条：一条为背肠血管，在有肠系膜附着的消化道背面；另一条为腹肠血管，在无肠系膜附着的消化道腹面。这两条血管又形成血管网，分布于肠曲折之间。左呼吸树与背肠血管所形成的血管网紧密相连。

6. 神经系统

刺参的神经组织由网状神经纤维构成神经丛，再由神经丛构成神经系统。刺参神经系统分为主司感觉的口神经系统和主司运动的下神经系统。口神经系统的神经环位于食道骨片内面，分出 5 条辐神经，先向前走，分支入触手，复向后行，沿步带区而分支于管足、坛囊等处。下神经系统无神经环，只有 5 条辐神经，位于口神经系统之内，其分支分布于环肌、纵肌上。

7. 生殖系统

刺参为雌雄异体，外观上难以区分。生殖腺位于食道悬垂膜两侧，是树枝状细管。主分支由 11~13 条很长的分支组成，在生殖季节可达 20~30 cm，甚至更长，各分支又分出若干次级小分支；主分支向前汇合成生殖管，开口于头背侧的生殖孔。在非生殖季节，生殖腺细小，难以从颜色上分辨雌雄。在生殖季节，雌性卵巢呈橘红色，雄性精巢变成淡乳黄色或乳白色（渔民称生殖腺为"参花"）。

8. 石灰环和骨片

刺参咽部周围有一个石灰环，是膨大、不透明的球状体，由5个主辐和间辐组成的10个大型的骨板结合成包围咽部的咽球，起到支撑和保护咽及食道的作用；刺参没有分化出骨骼，在上皮层与皮层之间有许多微小的石灰质骨片，这是海参分类的主要依据。刺参的骨片是桌形体，形状随着年龄的变化而变化。幼小刺参的桌形骨片塔部细高，底盘较大，周围平滑；而老年刺参的骨片塔部变小或消失，只剩下小型的穿孔板。图1-7所示为刺参骨片结构。

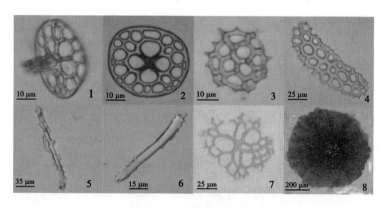

图1-7 刺参骨片结构

1—桌形体；2—桌形体底面观；3—成参的桌形体退化成不完全的桌形体；

4—纺锤形穿孔板；5—管足支持杆状体；6—触手支持杆状体；7—排泄腔的复杂骨片；

8—管足吸盘下的大型骨片

（资料来源：朱峰. 仿刺参 *Apostichopus japonicus* 胚胎发育和主要系统的组织学研究 [D].

青岛：中国海洋大学，2009.）

9. 体腔和体腔液

体腔是从石灰环到排泄腔，体壁与消化道之间存在的很大的空腔，其中充满体腔液，与周围海水可自由渗透，含有多种生物活性物质和各种体腔细胞，如淋巴细胞、吞噬细胞、结晶细胞［图1-8(a)］、桑椹细胞［图1-8(b)］、血细胞等，对刺参的免疫起重要作用。

 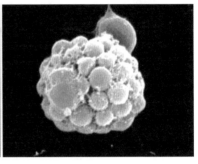

（a）结晶细胞　　　　　　　　（b）桑椹细胞

图1-8　电镜下的结晶细胞、桑椹细胞

❀ 第三节　刺参的生理和生态习性

一、生活环境

刺参栖息于潮间带至水深20~30 m的浅海，生活在波流静稳、水清、无淡水注入、海藻茂盛的岩礁底，大型藻丛生的较硬泥沙底、软泥底或纯沙底也有刺参分布。图1-9所示为刺参栖息的自然环境。

1. 水温

刺参耐温范围很广，不同个体大小刺参生长的适温范围不

图1-9 刺参栖息的自然环境

同。稚参生长最快的温度范围为24~27 ℃；2 cm左右幼参生长的温度范围为0.5~30.0 ℃，适温范围为15~23 ℃。水温变化对刺参成参生理活动影响显著，当水温低于3 ℃时，成参摄食量减少；当水温升至18 ℃时，成参活动减少、摄食量下降；当水温超过20 ℃时，逐渐进入"夏眠"阶段。在辽宁沿海，刺参的夏眠时间可达3个月。

2. 盐度

刺参适宜的盐度范围为28~34，属狭盐性动物。但不同刺参长期生活在某个海域，对各自栖息环境会产生一定的适应性：生活在受外海水影响较大的海域，底质环境中岩礁、乱石较多的刺参，对盐度要求较高，体色多呈赤褐色；而分布在受陆地淡水影响较大的内湾海域、泥沙底质、海藻丛生的刺参需要适应的盐度偏低，刺参常呈黄绿色、绿褐色。另外，刺参发育的不同时期对盐度的耐受能力也会有所不同，其他环境因子对刺参的耐盐性也会产生影响。水温在20 ℃以下时，幼参对低盐度的耐受能力随水温的升高而增强，最低可在盐度为15的水中存活。

3. pH 值

刺参对pH值的变化具有一定的适应能力。海水pH值呈酸性时，会降低血液的载氧能力，使血液中的氧分压变小，容易使刺参出现缺氧症状；呈碱性时，对刺参的生长也能造成胁迫。海水的 pH 值一般为 7.9~8.2，当 pH 值降至 6.0 以下或者上升至 9.0 以上时，刺参活动力减弱，生长停止，收缩呈球状，濒于死亡。

4. 溶解氧

刺参耐低氧能力强，成参在水体中溶解氧降至 1 mg/L、幼参在水体中溶解氧降至 3.3 mg/L 以下时，会呈现缺氧反应，表现为丧失附着能力，躯体萎缩，腹面朝上，呈现麻痹状态。人工池塘刺参养殖中，水体的溶解氧一般能保持在 5 mg/L 以上。

5. 水流

刺参多栖息在水流静稳处及礁石的背流面。较强的波浪冲击会影响刺参的集群行为。刺参对水流的反应非常敏感，当有水流冲击时，刺参会紧缩身体，成团地挤在一起并用管足紧紧黏住附着物，以防止被水流冲走。

6. 光照

刺参表现出一定的避光性，对光线强度变化的反应比较灵敏，喜欢弱光，一般在夜间或者弱光条件下活动活跃，并大量摄食。在强光直射下，刺参常呈收缩状态，背部的疣足充分展开，呈放射状，头部摇动剧烈。在池塘养殖中，如果光线过强，容易使底栖大型藻类大量繁殖，高温期藻类可能会大量死亡，导致环境恶化，对刺参养殖产生不利影响。

7. 敌害

刺参的自然敌害不多，主要是海星、蟹类，鲷科鱼类对幼参的生存也有一定威胁。养殖环境中，体长 5 cm 以下的苗种易被日本鲟、虾虎鱼等伤害；体长达到 10 cm 以上时，敌害的危害性减小。

二、特殊习性

1. 夏眠

夏眠是刺参重要的生态习性。日本学者最早对海参的夏眠进行了描述，Mitsukuri 观察到日本神奈川县的青刺参于 7 月中旬便躲于岩石下或低洼处，停止摄食，肠道退化、萎缩，并最早将海参这种高温期不活动的状态称为夏眠。

刺参在产卵后，当水温升高到 20 ℃时，便向深水移动，躲藏在水流较稳定的岩石下进行夏眠，其间活动减少、摄食停止、消化道退化，消耗机体自身能量维持最低代谢水平，体重明显减轻。在中国北方沿海，刺参的夏眠时间可长达 2~4 个月。夏眠结束，小的个体先出来活动和捕食。有人将刺参的夏眠现象解释为生物节律性，认为刺参是温带物种，在长期的进化过程中形成对高温的不适应性，因而其夏眠与温度相关。

2. 排脏和再生

刺参在受到强烈刺激（如海水污染、水温过高、养殖过分密集等）时，身体收缩，排泄腔破裂，全部或部分内脏（包括消化道、背血窦和呼吸树，甚至生殖腺）从肛门排出体外，称为排脏（图 1-10）。排脏是刺参自我保护的一种方式，每种海参都具有此类现象，但刺参排脏现象更为显著。刺参内脏排出后并不会死亡，把排过内脏的刺参重新放回海水中，如果环境适宜，大约 60 d 又可以再生出新的内脏。

图 1-10 刺参的排脏

刺参具有很强的再生能力，肠、表皮、疣足、触手等均可再生。排脏后的再生分为四个阶段：原基形成阶段，食道和胃残余的组织呈现去分化现象；肠腔形成阶段；停产和胃缓缓开始再生阶段；生长阶段，消化道的组织结构分化完成，逐渐增粗增长。一般再生出肠管需要 2 周，达到正常水平需要 35 d。虽然如此，排脏和再生都会严重影响刺参的生长和存活，即使整体恢复，其后期生长也会滞缓。

3. 自溶

刺参在一定的外界条件刺激（如离开海水时间过长，尤其是在高温条件下）下，由于酶解作用常常会出现体壁自行融化的现象，体壁失去弹性和形状，融化成鼻涕状的胶体，称为自溶（图 1-11）。相关研究结果表明，刺参自溶是其自身存在的海参自溶酶发挥作用的结果。自溶酶是具有蛋白酶、纤维素酶、果胶酶、淀粉酶、褐藻酸酶和脂肪酶等多种酶活力的复杂酶系。

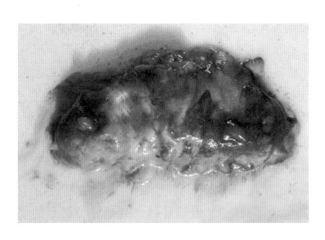

图 1-11 刺参的自溶

三、运动和觅食

1. 运动

刺参主要依靠腹部密生的发达管足和身体横纹肌、纵纹肌的伸缩配合进行运动（图1-12）。刺参的行动迟缓，常停留于条件适宜的环境中短距离活动，运动速度约4 m/h。刺参在缺饵料或受到外界光照等刺激时，运动会加速。在平坦底质上，刺参的运动无方向性，是偶然的；在沙石、岩礁裂缝处等不平坦地形上，有时沿地形运动，然后通常转向另一个方向。

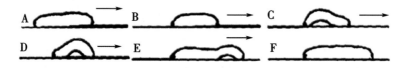

图1-12 刺参的匍匐运动

刺参没有视觉器官，触手、疣足、管足等感觉器官很灵敏。脊部疣足顶端有伸缩能力很强的尖棘，伸出长度约1 mm，在外界光和声响等刺激下，可立即缩回疣足内，体形相应迅速变化。有时刺参来不及逃避，会急速收缩身体，用管足紧紧地吸住附着物，因此捕捉刺参时，往往连小石子和海藻片一同带起。

2. 食性和觅食

刺参以楯形触手摄食，在软泥沙底，靠触手扒取表面泥沙；在硬的石底，靠触手扫或挑取石头表面的泥沙。刺参可昼夜不间断地摄食，其食性广泛，饵料组成与其生活环境的底质表层泥沙中所含成分有密切关系。有研究结果表明，刺参能够消化的食物包括无机物（硅或钙）、有机碎屑（死后或分解了的动植物碎片）、微型物（混在泥沙中的细菌、硅藻、原生动物、蓝藻和有孔虫等，细菌在海参食物链中起重要作用）、其他动物，甚至自己的粪便。

刺参的运动和觅食与水温变化有一定关系。清明节后海水温度上升，海底的礁石上、泥沙滩上、海藻丛中到处可以见到刺参的足迹和粪便。夏至以后，海水温度升至 15 ℃ 以上，刺参的繁殖期已到，运动能力和触手的伸展明显减弱，此时已看不到刺参迅速摄食行为，其陆续产卵、排精后，进入夏眠期。9 月下旬水温降至 18 ℃ 左右，刺参结束夏眠，重新运动和觅食。但秋天刺参的运动能力和觅食强度不如春天。进入严冬后，风浪较多，刺参一般只在栖息处周围运动和觅食。

❀ 第四节　刺参的繁殖和个体发育

一、刺参的生殖周期

体重 50~60 g 的刺参可达到性成熟。刺参雌雄异体，在外观上难以区分。生殖腺管状，表面覆盖一层上皮细胞，在未成熟时呈立方形或圆柱形，性腺发育后沿基底膜向内侧发育，变为扁平状，逐渐向内侧凹陷出现皱褶。随着性腺发育成熟，精巢内出现较大的空腔，皱褶仅存在于管壁；卵巢生殖上皮细胞变得稀疏，逐渐近于透明。刺参生殖腺发育期被人为分为 5 个阶段：休止期、增殖期、生长期、成熟期和放出期。辽宁自然海区的刺参从 9 月末开始进入休止期，持续到 11 月末，生殖腺细小难以见到；从 12 月起，逐渐发育进入增殖期；自翌年 4 月中旬起，生殖腺逐渐变粗，发育到生长期，肉眼仍难以分辨雌雄；6 月起，可根据生殖腺颜色肉眼辨别雌雄，大部分个体已发育至成熟期；7 月初至 8 月中旬，生殖腺极发达，各分支肥大饱满，进入产卵盛期；8 月中旬以后，生殖腺因排出性细胞而萎缩变细。图 1-13 所示为刺参性腺的组织切片。

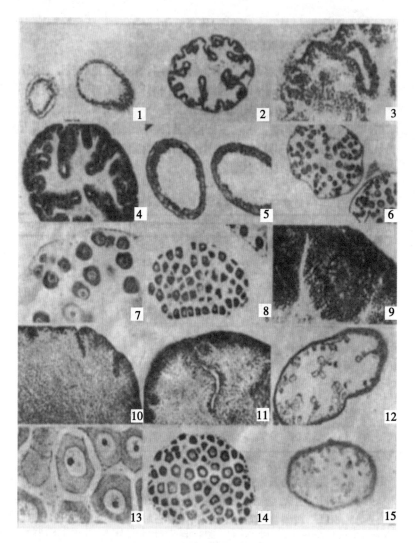

图1-13　刺参性腺的组织切片

1—♂休止期；2，3—♂增殖期；4，9—♂生长期；5—♀休止期；

6，7—♀增殖期；8，13—♀生长期；10—♂成熟期；

11，12—♂放出期；14—♀成熟期；15—♀放出期

[资料来源：隋锡林，刘永襄，刘永峰，等. 刺参生殖周期的研究 [J]. 水产学报，

1985，9（4）：303-310.]

刺参的产卵期与水温有密切关系，各地刺参的产卵期有所不同。大连黄海北部刺参产卵水温为 15～17 ℃，一般在 6 月末至 7 月初；大连渤海海域、绥中止锚湾等地比黄海北部早 15～20 d；烟台、威海等地为 5 月上旬至 6 月末；河北为 5 月下旬至 7 月初；池塘养殖刺参产卵期比自然海区要早 1 个月左右。成熟雌参怀卵量超过 1000 万粒，排卵量与培育条件和刺激排卵的方法有关，一般可多次产卵，平均每头可产卵 600 万粒。在人工养殖条件下，通过温度控制、营养强化等措施人工促熟，可将亲参产卵时间提前至每年 3 月。

二、刺参的个体发育

在 20～22 ℃，刺参的受精卵经过胚胎发育期、浮游幼体期，需 10～12 d 变态为稚参；人工培育经过约 40 d 变色进入幼参期，经过 3 个月可长至 2000～10000 头/kg 的苗种，一般需再经过一年半以上的养殖才能达到商品规格。

刺参在产卵、排精后，卵子在水中受精。受精后 20～30 min 可放出第一极体，经 40～50 min 放出第二极体，卵裂开始。

卵裂为全等分裂，约经 110 min 卵分裂为 2 个细胞，经 8 h 左右分裂卵可达到 512 个细胞，周身遍布纤毛，进入囊胚期。生出纤毛后，囊胚在卵膜内旋转，一边旋转一边破膜而出。胚体刚孵出时为椭圆形，高约 190 μm。

受精后 28 h 左右胚体进入原肠期，高约 220 μm，宽约 170 μm。40 h 左右后幼体发育为 400 μm 的小耳状幼体。

在正常温度范围内，温度越高，幼体发育越快，一般需 7～8 d，小耳状幼体经中耳状幼体发育至变态前的大耳状幼体后期，然后开始缩小进入樽形幼体期，经 1～2 d 发育至五触手幼体，五触手幼体在 1～2 d 内可变态为稚参，从浮游转为附着生活。图 1-

14 所示为刺参个体发育时序。

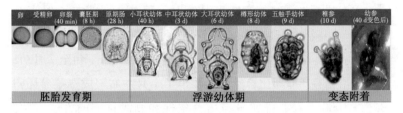

| 卵 | 受精卵
(40 min) | 卵裂
(8 h) | 囊胚期
(28 h) | 原期肠 | 小耳状幼体
(40 h) | 中耳状幼体
(3 d) | 大耳状幼体
(6 d) | 樽形幼体
(8 d) | 五触手幼体
(9 d) | 稚参
(10 d) | 幼参
(40 d变色后) |
| 胚胎发育期 | | | | | 浮游幼体期 | | | | | 变态附着 | |

图 1-14　刺参个体发育时序（20 ℃，时间从受精算起）

第二章　刺参苗种生态繁育技术

自 20 世纪 80 年代形成人工育苗关键技术以来，刺参苗种繁育技术工艺随着苗种产业的发展不断优化，苗种产量逐年提高，至 2014 年全国刺参苗种达到最高，为 745 亿头，近年来稳定在 600 亿头以上。随着刺参养殖业的发展，不仅要求苗种产量，而且对苗种质量提出了更高的要求。苗种生态繁育技术是指充分利用自然环境条件，采用高效设施和生态养殖模式，避免使用药物，通过科学管理培育优质苗种。这是绿色环保、健康节能的苗种生产技术，是刺参苗种产业发展的方向。

目前，辽宁省主要的刺参苗种繁育方式是在育苗室中进行的工厂化生态育苗，辽宁省刺参育苗水体维持在 200 万 m³ 左右，年产量 200 亿头左右，占全国总产量的 40%。近年来，池塘和浅海网箱生态育苗技术因培育出的苗种具有体质健壮、适应当地养殖环境、成活率高等特点，成为发展较快的苗种补充生产模式。

❀ 第一节　刺参工厂化育苗

一、刺参苗种繁育基本设施

1. 育苗室选址

育苗室应选择近海背风处建设，附近海区无大量淡水注入，海水水质清净无污染，盐度适宜；底质为岩礁底或沙底，小潮或低潮时也能取水的湾口最佳。场址应远离有污染水源的地区，并避开会产生有害气体、烟雾、粉尘等物质的工业企业。建筑方向偏东南或西南，窗大、通风、光线柔和均匀，设遮光帘，控制光照度在 500~1500 lx。图 2-1 所示为标准刺参育苗室。

图 2-1　标准刺参育苗室

2. 育苗池建造

建造育苗池常用 100 号水泥、砂浆和砖石砌筑，也可采用钢筋混凝土灌筑。一般水池池壁砖墙厚 24 cm，池底应有一定坡度的斜向出水口，以利于排污。池壁及池底应采用 5 层水泥抹面。新建的育苗池必须浸泡 1 个月，除去泛碱方可使用。

育苗池多为长方形、方形、圆形或椭圆形，长方形或方形池对建筑面积的利用率比后两种要高得多，但容易形成死角，可将长方形池角抹圆。深度以 1.0~1.5 m 为宜，水容量为 20~40 m³。水池过大不便于管理及操作，一个单元内的育苗池规格最好统一，以便于管理。图 2-2 所示为标准刺参育苗池。

育苗前要提前洗刷育苗池，首先用高锰酸钾溶液浸泡，然后用刷子刷洗池壁、池底，最后用过滤的海水进行冲洗。污垢过多的池子用次氯酸钠洗刷后，再用过滤海水冲洗。

图 2-2　标准刺参育苗池

3. 给排水系统

育苗室内要有良好的给排水系统，进水管路最好有两套：一套通向沉淀池，可以进直抽海水；另一套管路进过滤、预热的海水。给排水系统要充分考虑管道的口径及给排水能力，最好能在 2~3 h 使池水全部注满或排空。

4. 沉淀和滤水设施

育苗用海水应符合《渔业水质标准》（GB 11607—1989）和《无公害食品　海水养殖用水水质》（NY 5052—2001）。传统方法大多从自然海区直接抽取海水，经一次沙滤即进入车间。近年来，由于近海水域环境日渐恶化，这样简单的处理方式已不能保证育苗用水质量，故应采取更严格的处理措施，通常需配备沉淀和过滤设施。

有些地方采用地下井盐水开展刺参苗种培育，在使用井盐水前，应测定其水质指标，包括盐度、pH 值、亚硝酸盐含量、重金属含量等，符合渔业水质标准及幼体发育要求才能使用。

（1）贮水圈

在育苗室附近建露天贮水圈（图 2-3），面积可从几十亩到几百亩。在进水前，先对池底清淤、消毒，减少底质对水质的影响，一般每亩用 30~50 kg 漂白粉或 100 kg 生石灰进行清淤消毒。在育苗开始前 1 个月纳满水，育苗期用水取自圈内。苗种培育期间选择海水清新时向圈内逐渐添水，以保持水质清新。

图 2-3　贮水圈

使用贮水圈除能使海水初步沉淀，还能降解海水中部分有害物质，保持水质相对稳定，减少海况变化对育苗用水质量的影响。另外，在春季育苗初期，因蓄水池水温较自然海区回升快，可大幅节约升温海水的用煤量。

（2）沉淀池

海水中含有泥沙、浮游生物和有机碎屑等会影响水质，在使用前，最好经过封闭黑暗沉淀 24 h 以上。沉淀池一般建在高处的地下，可使沉淀过程中的海水不受气温影响，且在使用时不需要动力。沉淀池总容量为育苗水体的 2 倍以上，可分成 2~3 个独立单元交替使用。沉淀池需经常清底，防止池塘污物腐败分解产生有害物质。

（3）过滤设备

沉淀后的水必须经过过滤，除去大部分有害生物和物质后，才能进入育苗车间。目前常用的过滤设施有沙滤池、加压沙滤罐、重力式无阀过滤池（图2-4）等。为提高过滤效果，还可根据海区的水质情况进行二级沙滤，或通过泡沫分选等方式对沙滤后的海水作进一步处理。入池管道末端一般加300目筛绢网袋再次过滤，保证无大型原生动物进入育苗池。

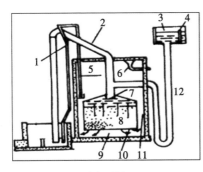 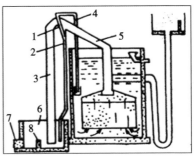

（a）过滤

（b）反冲洗

1—虹吸辅助管；2—虹吸上升管；3—进水槽；4—分配堰；5—清水箱；6—排水管；7—挡板；8—滤池；9—集水区；10—格栅；11—连通管；12—进水管

1—抽气管；2—虹吸辅助管；3—虹吸下降管；4—虹吸破坏管；5—虹吸上升管；6—排水井；7—排水管；8—水封堰

图2-4 常用重力式无阀过滤池的过滤和反冲洗状态示意图

5. 增氧系统

增氧系统包括罗茨鼓风机、气管和气石。育苗场可根据规模配置多个空气压缩机，调配作业。气管和气石排布要保证易于调节、充气均匀、不留死角。

6. 调温设备

刺参人工促熟产卵和越冬培育苗种需要配套调温设备。一般采用锅炉加热、换热器等方式调温。常用的换热器有板式换热器和盘管换热器。其中，板式换热器安装在池外，通过水泵使调温池的水在板式换热器里循环，热交换效率较高。常用的供热方式有地下热源、电厂余热、太阳能供热等。其中，有地下热源的海区，若地下海水水质符合养殖用水标准，可采用地下热水与养殖水体混合后直接作用；若地下海水的水质不好，则可通过换热器向养殖系统供热。

二、种参

质量优良的种参是获得充足、优质受精卵的前提条件，种参的选择和蓄养是刺参养殖的基础。

1. 种参选择

种参的规格与质量直接关系到采卵与受精的实施效果，影响幼体的发育和变态率，因此必须做好种参筛选，严把质量关。

种参以自然海区的野生刺参为首选，最好选择 2 个以上不同海区的刺参作为种参，这样更有利于发挥杂交优势，保持苗种的优良性状，提高养殖过程中幼参的抗病免疫能力，保证养殖成活率。池塘养殖刺参也可以作为种参，有发育同步的优势。

种参应为 2 龄以上，体重为 250~350 g，皮肤无损伤，未排脏。性腺指数和体壁指数是刺参性腺发育程度的主要指标。性腺指数越高，性腺发育越快。体壁指数高，表明比较健壮、储存的营养物质多。应选择性腺指数在 15% 以上，体壁指数占体重 50%以上的刺参。每头雌参产卵量为 300 万~600 万粒，在未分雌雄的情况下，每 1000 m³ 育苗水体需 400~500 头种参。

2. 采捕

常规的常温育苗生产，一般在自然条件下选择性腺成熟的刺参作为种参，入池后 2~3 d 即可产卵孵化。

常温育苗种参的采捕时间取决于刺参性腺成熟的时间，辽宁省沿海一般选在 5 月中旬至 7 月初，底层水温为 15~17 ℃时采捕种参比较适宜。这种模式的主要缺点是种参产卵不集中，育苗生产相对被动；苗种培育期较短，秋季苗种规格大多数为 1000~4000 头/kg，不适宜于秋季养殖池塘直接投放。

升温育苗通过种参促熟可以在当年培育大规格苗种。每年 11 月中下旬，当自然水温低于 8 ℃时，提前开始采捕，经过 800 ℃的累积积温升温培养，在翌年 4 月中旬前即可产卵孵化。这较常温育苗可增加 1 个月左右的苗种室内培育时间，刺参苗种规格一般可达到 200~1000 头/kg，当年秋季可以投放至池塘养殖。

种参的采捕多由潜水员进行，每次采捕量不宜过多，以避免互相挤压产生排脏。操作时，注意手及容器杜绝油污。

3. 种参的运输

种参的运输根据运输距离、时间及气温等情况，可采用干运法或水运法。运输时间为 3~4 h，可以直接采用保温箱干运，也可以采用水运法运输；运输时间较长的，应采用水运法，在早上或傍晚气温和水温较低、交通通畅时运输。

（1）干运法

将泡沫塑料保温箱底部平铺一层海草或干净的毛巾（浸泡海水）后，放入种参，仅在箱底铺满一层，不能太多。箱内放入冰袋或冰瓶后密封，冰袋或冰瓶一般用胶带捆绑在泡沫箱盖顶部。

（2）水运法

用结实的聚乙烯塑料袋装入适量海水，按照每升海水 1~2 头的密度装入种参，再向袋内充氧气后，扎紧袋口，将装好种参的塑料袋放入泡沫保温箱内，再加入冰袋或冰瓶后密封。

4. 种参暂养和强化培育

（1）暂养

种参入暂养池前要去掉排脏和皮肤受伤破损的个体。暂养密度控制在 10~20 头/m³，不应超过 50 头/m³。暂养池水深一般为 1.2~1.5 m，水温控制在 16 ℃左右，盐度与原产地相同（29~32），pH 值为 7.8~8.5，进行间歇充气，光照度保持在 500 lx 以下。

常温育苗种参暂养期间一般不投饵，每天早、晚全量换水一次，清除粪便及污物，并拣出已排脏的个体。近产卵时，在换水前应先吸底检查是否有卵，以免将可利用的卵排掉。

（2）人工促熟强化培育

升温育苗在未到自然成熟期时就提前采捕种参，用水温控制和投喂饵料等方式进行强化培育，能使刺参性腺提前发育成熟，提早产卵 1 个月，达到培养大规格苗种的目的。

种参性腺发育至成熟期所需积温应在 800 ℃以上，水温控制促熟遵循逐渐升温的原则，使种参经过低温期（0~6 ℃）、中温期（6~10 ℃）和高温期（10~16 ℃）。在时间分配上，低温期每上升 1 ℃的时间短，高温期每上升 1 ℃的时间长，中温期每上升 1 ℃的时间居中。水温不宜升得过快、过高，在产卵前 7 d 左右，可将温度升至 16~18 ℃，这样能取得很好的强化培育结果。种参若越冬培育，最早至翌年 2 月中旬即可开始进入升温促熟阶段。种参培育水升温模式如图 2-5 所示。

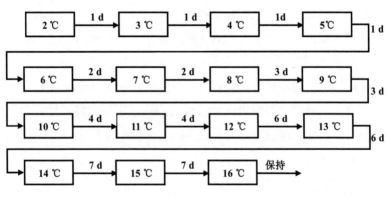

图 2-5　种参培育水升温模式

每天按照种参体重的 4% 投喂鼠尾藻粉、螺旋藻粉、海泥、蛋黄、益生菌及配合饲料等进行强化培育。在整个培育过程中，蛋白质的质量分数应控制在 20%~25%。表 2-1 所示为种参促熟培育参考饵料配比。

表 2-1　种参促熟培育参考饵料配比

培育时间	成分				
	海泥	配合饲料	鼠尾藻粉	酵母粉	螺旋藻粉
产卵前 20~45 d	70%~90%	6%~10%	2%~5%	0.5%~1.0%	0.5%~1.0%
产卵前 15~20 d	60%~80%	10%~15%	5%~10%	1.0%~1.5%	1.0%~1.5%

在水温升至 10 ℃前，每天换水 1 次，每 10 d 倒池 1 次；水温在 10~16 ℃时，每天换水 2 次，每次换全量，每 7 d 倒池 1 次；在水温升至 16 ℃后，每次换水时留 30 cm 深的水，避免种参干露，每 7 d 倒池 1 次，冲净池壁和池底的残饵、粪便后，加入新鲜海水。

在整个种参的强化培育过程中，应通过科学的管理和合理的营养配比来满足种参强化培育所需要的条件和营养，尽量不使用任何药物。当水温升至 15 ℃后，要注意经常检查种参的状态，及时抽样检查种参性腺的发育状态；在多数种参处于临产状态下，要及时停止投喂。

三、受精与孵化

1. 采卵

获卵有两种方法，即自然排放和人工刺激采卵。

（1）自然排放

暂养的种参性成熟后，会自然排放精、卵。用这种方法获取的精、卵的优点是成熟度好，受精卵的质量也较好；缺点是产卵不集中、批次多、持续时间长，有时一批种参产卵的时间可持续1~2个月，批次多达10~20批。由于产卵时间及产卵量具有不确定性，因此不便于安排生产计划。

（2）人工刺激采卵

人工刺激采卵可以做到有计划采卵。通过解剖种参取出生殖腺，在显微镜下观察性腺成熟度，如成熟，则进行人工刺激采卵。其方法是在17：00左右将种参阴干40~50 min，之后用强流水冲击30~50 min，最后加入升温3~5 ℃的过滤海水。经上述刺激的种参，多在19：00—21：00即开始排放精卵。

种参在排放前会爬到水池上沿，一般个别雄种参首先排精，然后雌、雄种参同时大量排放。排放时刺参头部举起并摇晃，精、卵由生殖孔排出，精子呈白色的连续细线状后呈烟雾状散开，卵子排出呈橙红色、短线状，很快散开呈颗粒状（图2-6）。

|（a）雄 | （b）雌|

图2-6　种参排放

有时经刺激的种参当日不产卵、排精，而在第2天至第3天夜间进行。无论是自然排放还是人工刺激排放，均应安排值班人员，在排精过多时，将雄性及时拣出，以避免精子过多败坏水质或造成受精卵畸形，影响孵化。精子量控制在每个卵子周围有3~5个最佳。刺参产卵过程一般为0.5~2.0 h，每头雌参一般产卵300万~600万粒，产卵结束后，及时捞出种参，镜检观察卵子和精子的受精情况。

2. 孵化

产卵完成后，将种参全部捞出。如果产卵池内精液过多，待受精卵全部沉于池底后，虹吸排水至距池底约 20 cm 处；加海水沉淀后，再排水，如此洗卵 1~2 次。因为受精卵发育至囊胚期时开始上浮，所以洗卵必须在囊胚期之前进行。

受精卵孵化密度控制在 5~10 个/mL，水温控制在 19~22 ℃，微量充气。如受精卵密度过大，可采用虹吸法将其分池孵化。为避免受精卵过分堆积于池底，通常每隔 30~60 min 用搅拌耙上下搅动池水一次，使受精卵在孵化池中处于悬浮状态，提高孵化率。

受精卵约经过 40 h 发育至耳状幼体初期，45~48 h 小耳状幼体肠道沟通后即可投喂，一般孵化率在 80% 以上。

四、浮游幼体培育

1. 幼体选育

幼体分离入培育池的过程即选育。

当浮游幼体发育到原肠后期或小耳状幼体时，健壮和体质良好的幼体多集中浮于水中、上层，可采用虹吸法、浓缩法或者拖网法进行选育。

（1）虹吸法

利用水位差，用虹吸管对准幼体集群区，以虹吸的方法将浮游幼体由孵化池虹吸到培育池。培育池水面要低于孵化池。虹吸法对浮游幼体损伤小，但如果浮游幼体分散，不易采用此方法。

（2）浓缩法

将孵化池内浮游幼体用虹吸的方法吸入网箱，使之浓缩。浓缩网箱一般做成圆筒形或长方形，使用时，将网箱放入比它稍大的桶或其他容器中，网箱的上沿应高于桶或容器的上沿，以免幼体随水流溢出。浓缩时，选用网箱的网眼要小于幼体大小，以防幼体漏出，一般网箱可用 300 目筛绢制作。操作时，应控制水流速度，防止损伤幼体。浓缩一定数量后，应及时将幼体舀出并放入培育池。生产育苗期间，也可在浓缩前将孵化池幼体定量，浓缩后按照适宜的培育密度直接分入培育池。

（3）拖网法

用特制的长方形网箱进行拖选，网箱长与孵化池宽度相当，网箱宽、高均为 40 cm 左右，网箱筛绢一般采用 300 目。操作时，先停气，待幼体大量上浮后，拖选。用网在池水的上表层缓慢轻柔地拖或者推，使幼体密集于网中，将网口轻轻提起，稍离水面，然后将网内幼体带水移到预先准备好的容器（如水桶、浴盆、水槽等）中。反复多次后，池内浮游幼体基本被捞出。对容器内幼体进行定量后，按照所需培育密度放入浮游幼体培育池。

2. 培育密度

培育密度是影响幼体生长发育的主要因素之一。初期小耳状幼体的培育密度一般控制在 0.3~0.5 个/mL，可根据水质条件和饵料条件适当增减，但不能超过 1.0 个/mL，因为当培育密度过大时，幼体的生长发育及变态都会受到影响。到大耳状幼体后期，培育密度为 0.2~0.4 个/mL 较合适，可育稚参 10 万~20 万头/m³，最高可达 42 万头/m³，幼体至稚参的成活率达 30%~80%。

3. 培育条件

（1）水温和盐度

水温应控制在 20~23 ℃，盐度 26~32。当水温超过 23 ℃时，幼体 6~7 d 可变态至樽形幼体，但幼体易发病、畸形多，个体生长不齐。在 20~23 ℃水温培育下，经 7~10 d 幼体可达到樽形幼体期，此时应及时投放处理好的附着基。

（2）充气

充气是为了补充水中的溶解氧，同时可使幼体在水中能够均匀分布，避免过长时间集中在池水的上层。目前生产育苗中的幼体培育期间，多采用间断性微量充气，通常间隔 0.5 h，充气石投放量为 0.5 个/m³。

（3）换水

幼体选育至培育池时，池水水位一般为 1/2 水体，3~5 d 加满水后开始换水，换水量一般应为水体的 1/4~1/3。培育水温 22 ℃左右，水质条件良好，或者使用益生菌等调节水质，也可在投放附着基前不换水，这样可减少浮游幼体因换水造成的机械损伤而减量。

4. 饵料投喂

小耳状幼体消化道沟通后即可投喂，最好的投喂方式是以单胞藻为主，加海洋酵母等多品种饵料混合投喂。最适宜的单胞藻种类为角毛藻和盐藻。单胞藻必须在产卵排精前 1 个月开始培养，初期投喂量为每天 1 万~2 万细胞/mL，中后期投喂量为每天 3 万~5 万细胞/mL，各期再增加投喂 0.3 mg/L 海洋红酵母。目前有许多厂家为了节约成本不培育单胞藻，完全用海洋红酵母、EM 菌等进行浮游幼体培育，也取得了较好的培育效果。

5. 培育管理

为防止机械受伤，幼体浮游期间一般不倒池（除非水质急剧恶化），依靠换水和吸底来保持水质清新，每隔 3~4 d 吸底 1 次，直到投放附着基。微量充气可以改善幼体生活环境，防止幼体聚堆，必要时，每日搅池几次。

在刺参苗种繁育过程中，由于受到水质环境条件不稳定、操作和管理不严谨、饵料质量和营养配比不合理等诸多因素影响，可能会出现病害。抗生素和化学药物的使用，虽然能对防病治病起到一定作用，但也带来一系列副作用，包括对致病菌产生耐药性、苗种免疫能力降低、存在药物残留等问题。因此，在刺参人工育苗过程中应通过加强管理，使用微生态制剂等改善育苗生态环境，提高苗种的免疫力，以预防疾病的发生。微生态制剂因绿色环保、无毒副作用、无残留污染、不产生抗性、无记忆性、作用范围广等优点成为抗生素的替代品。

五、稚参培育

从受精卵发育到大耳状幼体后期需 6~7 d，然后开始缩小变态为樽形幼体，经 2 d 左右变态为五触手幼体，五触手幼体 1~2 d 可变态为稚参（图 2-7）。

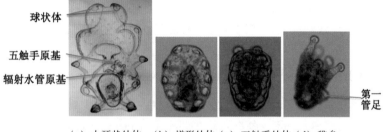

球状体

五触手原基

辐射水管原基

第一管足

（a）大耳状幼体　（b）樽形幼体（c）五触手幼体（d）稚参

图 2-7　刺参大耳状幼体后期至变态完成的形态

1. 附着基投放

附着基使用聚乙烯波纹板（图 2-8），要求透明、无毒、无害。投放前先用 $5.0 \times 10^{-4} \sim 1.0 \times 10^{-3}$ 的氢氧化钠溶液浸泡 2~3 d，再用过滤海水反复冲洗干净，后用 $1.0 \times 10^{-5} \sim 1.5 \times 10^{-5}$ 高锰酸钾浸泡 15 min，最后用过滤海水冲洗干净，除去药物、油污及脏物。

当大耳状幼体后期大部分出现 5 对球状体、指状的五触手原基和辐射水管原基，以及少量樽形幼体时，投放附着基较为适宜。附着基的投放时间不能过迟，过迟会造成幼体变态后大量附在池壁和池底，达不到在附着基上均匀采集稚参的目的。通常每

图 2-8 聚乙烯波纹板附着基

立方米水体投放附着基的量为 80~100 片。

2. 附苗密度

波纹板附苗密度以 1 个/cm² 左右为宜，稚参密度过大，生长速度慢，成活率降低。当稚参生长至平均 5 mm 左右（管足为 8~10 个）时，为确保下一阶段稚、幼参的正常生长发育，要及时调整附着片上的培育密度，控制在 300~500 头/片。培育密度是影响生长的主要因素之一，因此有条件者可将培育密度调整至 200~300 头/片，以利于稚参的快速生长。

3. 饵料选择和投喂

体长 2 mm 以下的稚参，可投喂一些单细胞藻类、鼠尾藻磨碎液或其他鲜嫩海草磨碎液。其碎屑粒度小、易沉降，有利于稚参的摄食，并且耗氧量低，对水质的不良影响较轻，是当前应用较广的稚参附着前期的良好饵料。

自行加工藻类磨碎液时，首先用粉碎机将藻体绞碎，然后用磨浆机反复研磨成浆，最后用筛绢过滤。根据稚参大小，选用不同筛绢，初始时应用 200 目筛网。随着稚参个体长大，网眼也逐渐加大。

饵料投喂应以少投、勤投为原则，投喂量根据稚参的摄食状况及水质条件灵活掌握。鼠尾藻磨碎液的出成率一般为 30%～50%。当稚参个体大小在 2 mm 以下时，投喂量为 10～25 mg/L，并应适量补充单细胞藻类及底栖硅藻；当体长为 3～5 mm 时，投喂量为 25～40 mg/L。配合饲料的投喂量，可按照稚参体重的 4%～10% 投喂，应根据具体摄食量、残饵量，以及水质条件酌情进行增减。

4. 充气

稚参附着后，随着饵料投喂量的增加、排泄物的积累，静水条件下培育水质往往容易发生变化。因此，在稚参附着期，应不间断或定时充气，以加强附着基质与水中氧的交换，特别是在投喂藻液之后，必须进行充气，以利于藻液微细颗粒凝聚后下沉。气石选择 80～120 目，投气石 0.5 个/m²，分布需均匀，以避免局部缺氧，充气量为 40 L/（m³·h）。

5. 培育条件

（1）水温

水温对稚参正常发育、生长和成活具有重要的影响。稚参附着初期的适宜水温应为 22～24 ℃，保持此水温稚参活泼、摄食好，1 个月生长可达 5～6 mm，成活率达 50% 左右；当水温低于 21 ℃ 或高于 30 ℃ 时，稚参不仅成活率低，而且生长也差，1 个月培育期的生长仅 3 mm 左右。

（2）光照

光照度过强或过弱都会对稚参生长及成活有一定的影响，为了便于附着片上底栖硅藻的繁殖和稚参的变色，应适当逐步提高室内光照度，一般应控制在 500～2000 lx。有关试验结果表明，稚参变色速度随着光照度的增加而加快。

（3）盐度

稚参期的适宜盐度为 26.2～32.7。小个体稚参对低盐度的抵抗力不如大个体稚参，当稚参长至 4 mm 左右时，若水温 15 ℃，盐度 20 以下，会出现个体死亡；若水温 20~25 ℃，盐度 20 以上，则无死亡个体出现。盐度的急剧变化对稚参的影响很大，瞬时盐度变化不能超过 5，否则会引起化皮病。

（4）pH 值

pH 值降至 6 以下或升至 9 以上时，稚参活力减弱，生长停止，会造成死亡。因此，应注意监测 pH 值，如发现异常，需查找原因，及时采取补救措施，将 pH 值调整到正常值范围内。

（5）溶解氧

培育水体中的溶解氧应维持在 4 mg/L 以上，当溶解氧降至 3.6 mg/L 以下时，稚参开始出现反应，身体萎缩，附着力减弱，易从附着片上脱落，下沉到池底，缩成球状或腹面朝上伸长呈僵直状态；当溶解氧降至 3 mg/L 时，可导致稚参死亡；溶解氧降至 1 mg/L，水温 26~29 ℃时，出现大量死亡。因此，应随时监测培育海水中的溶解氧，发现问题及时采取措施，避免损失。

6. 日常管理

日常管理最主要的工作是换水与倒池。日换水 1~2 次，每次换水 1/3~1/2。如果定期使用有改善水质作用的益生菌，可以减少换水量和换水频率。

特别要注意排水时池壁上部干露时间不应过长，及时用海水冲刷，或采用对流方式换水，以避免池壁上部附着稚参干死。换水时，停止充气，如果附着片排泄物较多，可将附着基提起并轻轻晃动，使粪便等污物落入水中，换水时将污物排出。

在稚参附着初期，即附着后 15~20 d，附着片上污物较多，尤其是池底粪便及污物堆积较多，水质较差时可倒池。将池中所有附着基就近移入另一个新培育池中，并将池壁及池底的稚参冲洗至网袋或网箱内。网袋或网箱应选择柔软的 60~80 目筛绢、尼龙或聚乙烯制成；同时注意水流冲击不能太强，并勤换网袋或网箱，减少对稚参的机械损伤。

六、幼参培育

当稚参长至 10 mm 以上时，大部分体表由白色转变成青绿色或红褐色。通常把 10 mm 以上的变色刺参苗种培育作为幼参培育阶段。幼参培育与稚参后期培育基本相同，合理的培育密度、适宜的饵料和投喂量、水环境调控、病害的防治及严格的管理措施等，是获得刺参优质健康苗种的主要因素。

1. 培育密度

当稚参达到 10 mm 以上时，将稚参从附着波纹板上剥离下来，重新定量转入用网目为 20~40 目聚乙烯网片（图 2-9）作为附着基的培育池内培养。附着网片投放量为 3~4 m^2/m^3，参苗培育密度控制在 5000 头/m^3左右。

图 2-9　网片附着基

2. 饵料投喂

随着苗种的生长，其个体逐渐增大，饵料投喂量也随之增大。常规饵料可用鼠尾藻或其他海草磨碎液，用 80~100 目的筛绢进行过滤，投喂量为 50~100 g/m³；适时增加配合饲料和海泥的投喂，日投喂量为苗种体重的 5% 左右，每天根据残饵、粪便和苗种状态，酌情增减。

3. 水环境调控

幼参附着聚乙烯网片或波纹板期间，当池底或附着片残饵、粪便较多时，即用手电照射池底残饵、粪便，底部出现变黑时，应及时倒池。一般情况下，每隔 7~10 d 倒池一次。

使用 EM 菌等微生态制剂调控培育环境，可以大大提高参苗的成活率。在生产中，通过使用改善水质和底质的益生菌，以及控制适当的培育密度和合理的投饵量，可以实现一周换一个全量水、一个月倒一次池，这大大地减少了换水量，延长了倒池间隔，不仅能降低机械损伤使苗种感染病原的可能，而且能降低换水成本和人工操作强度，同时能为苗种提供相对稳定和友好的环境，有益于苗种生长。

4. 日常管理

由于刺参本身具有的特性，随着幼参的生长，其个体差别也会越来越大。此时，应进行筛选，将大、中、小的个体分池培育，以促进小个体的快速生长。当幼参体长达到 30~40 mm 时，应及时疏苗，培育密度控制在 3000~4000 头/m³。同时应注意清除池底污物，尽早出池，以降低室内培育的风险和压力。

培育期间，经常进行倒池和筛选，易造成苗种的机械损伤，特别是皮肤受伤后，易发生溃烂。因此，在操作上，特别是倒池时，收集参苗的网袋或网箱的材质要柔软，网目要适宜，网袋或网箱要勤换，尽量避免机械损伤。要定时监测水质理化因子的变化情况，认真观察参苗的摄食、活动及生长情况，发现问题及时处理。由于残饵及粪便的堆积往往会使有害细菌大量繁殖，特别容易引起皮肤溃烂病，危害极大，因此应及早发现、及早防治。

生产操作、渔药使用必须严格按照无公害食品水产品生产标准和渔用药物使用准则的规定执行。

七、越冬期培育

人工培育越冬苗种，即人为创造适宜的环境条件，保证刺参苗种在冬季也能够正常生长。经过人工越冬培育的苗种，体质健壮，规格整齐，进入养殖池后成活率较高，便于生产管理和科学养殖，对于提高刺参养殖技术水平、养殖产量和效益具有重要作用。通过苗种越冬培育，保苗生产者也能获得可观的经济效益。

由于越冬时间较长，因此对水质调控、饵料投喂、疾病预防、换水倒池等日常管理方面要严格重视。

越冬期间的水温可控制在8～10℃，既能保证参苗生长，又能节省能源，降低生产成本；对于较小的参苗（5000头/kg以上），水温可控制在12～13℃培育，使小个体参苗能够较快速生长，减少死亡或减耗。特别应注意在换水时水温差不应超过2℃，因为水温差过大易引起幼参排脏，影响参苗生长和成活率。

此外，为了保持良好的水质，投饵要适量，避免饵料投喂过多导致水质败坏，引起参苗大量死亡。可使用微生态制剂等改善水质状况，提高苗种的免疫力，防控疾病的发生。

八、应注意的技术关键

1. 日常管理

（1）水质控制

培育用水经一级沉淀池、沙滤池过滤后，再经过管道及筛绢过滤入池，可视水质情况补充3 mg/L的EDTA络合重金属离子。下雨天、贮水圈水面污浊或有赤潮发生时，不宜换水。

与刺参、池水接触的育苗工具及人员的手要避免油污，防止刺参发生溃烂。

浮游幼体期用网箱换水，待幼体全部附着后，可用滤鼓换水，因为池壁和池底还有 30% 左右稚参，换水时易被吸出池外，所以禁止用虹吸管直接换水。换水时，禁止波纹板露出水面，防止稚参长时间露出水面而干死。

倒池与换水一样，是一次彻底的水交换，并可净化池底，但应采用不臭不倒的方式，视底质的污染状况灵活掌握。

（2）饵料投喂

刺参耳状幼体对有纤维素细胞壁的浮游单胞藻不能消化。研究和生产实践结果表明，盐藻、角毛藻等混用海洋红酵母、水产用干酵母片等投喂幼体能取得较好的育苗效果。待稚参完全附着后，开始投喂鼠尾藻磨碎液等，随着其体长增长，可以调整配合饲料和海泥的比例。

（3）镜检观察

刺参受精卵经历胚胎期、耳状幼体、樽形幼体、五触手幼体等几个幼体发育期，大约 10 d 后才能变态附着成为稚参，需要定时镜检，每池每天至少一次，以了解摄食和发育生长情况。一般小耳状幼体体长 450~600 μm，中耳状幼体体长 600~800 μm，大耳状幼体体长 800~1000 μm，每天平均增长 50 μm 属正常。

要观察浮游幼体摄食情况，可在投饵半小时后和下次投饵前进行镜检，如果绝大部分幼体胃内饵料颜色明显，并见到饵料颗粒，说明投饵量适当；投饵半小时后，虽然胃内饵料尚充分，但下次投饵前部分幼体空胃，则说明饵料欠缺，应加大投饵量；若投饵前幼体胃内饵料仍很多，肠道内充满粪便，则说明投饵量过大。

耳状幼体发育分期的一个指标是水体腔的发育变化，小耳状幼体水体腔为圆形的囊状，中耳状幼体水体腔为长囊状，大耳状幼体水体腔在长囊状基础上出现凹凸花生状，后期呈指状，出现五触手原基和辐射水管原基，幼体臂呈相对应的 5 对球。樽形幼体体长为大耳状幼体的一半，经五触手幼体 1~2 d 后，发育至稚参，进入稚参培育期。

对投喂鼠尾藻粉等的参苗培育池，要每天观察池中水质，池水清新为正常；如果水体混浊，水面有大量气泡停留，并有黏液状物质出现，那么应立即换水或倒池。还要观察稚参摄食情况，应每天每池取一次苗观察其摄食生长情况，并做好记录，若波纹板上个体周围小范围内有附着基透明度明显变大现象，为摄食正常。

（4）投放附着基前幼体密度的调整

对稚参的附着密度有一定的要求，稚参附着密度过大或过小都不易变动，因此要在大耳状幼体密度比较容易调整时将密度调至合适，一般可用虹吸管把幼体密度过大的池水虹吸到池外，用 300 目网箱收集幼体，定量后分配到密度小的池子中或另池培育。注意必须是同步苗才能放同一池子中，使之达到要求密度。通常附着基上附着的稚参占整池苗种的 70% 左右，池底和池壁的稚参占整池苗种的 30% 左右。

（5）投放附着基的时间及数量

在五触手幼体出现前必须投放附着基，如果后期大耳状幼体发育整齐，变态时间集中，可以待 50% 大耳状幼体变态为樽形幼体时，投放附着基；如果后期大耳状幼体发育不够整齐，在小部分樽形出现且能达到 20% 时，就应投放附着基。投放附着基的时间过早，会给操作带来不便；但如果投放附着基的时间过晚，会造成大量幼体变态后附着于池底，密度过大后发生挤压，易感染病原，造成死亡。因此，如果难以判断，应坚持"宁早勿晚"原则。为充分利用育苗池的水体，投放附着基的数量要大，除换水网箱必须占的空间，基本要充满整个水体。

2. 疾病防控

刺参育苗期的主要病害有浮游幼体期的烂边病、烂胃病、胃萎缩病，以及稚、幼参培育期的化板病、皮肤溃烂病、排脏综合征等（图2-10，详见第四章）。

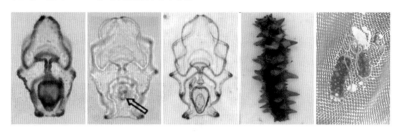

（a）烂边病　（b）烂胃病　（c）胃萎缩病　（d）皮肤溃烂病　（e）排脏综合征

图2-10　刺参苗种培育过程中主要疾病

对于刺参养殖过程中已经发生的病害，一般使用抗生素治疗。但对暴发性疾病，抗生素的使用不但不能达到很好的治疗效果，还能增加病原的抗药性，破坏刺参体内外的微生态平衡，降低苗种本身的免疫能力。因此，对于刺参养殖中的病害，应坚持"防重于治"原则。实验和生产实践结果都证明，采用有调控水质和增加刺参免疫力作用的微生物制剂能够有效防控病害，可以定期使用；或在每次换水后，将光合细菌或EM菌等按照使用说明全池泼撒。

3. 敌害防治

桡足类无节幼体［图2-11（a）］对刺参的为害主要体现在两方面：一是抢占生活空间和饵料；二是对刺参皮肤产生伤害，进而导致细菌感染、溃烂等，如不及时处理，可致刺参大量死亡。桡足类无节幼体的防治方法是：首先用水需严格沙滤，防止桡足类无节幼体及其卵大量进入养殖池；当桡足类无节幼体较多时，最好不要使用药品，以防其产生抗药性，同时对刺参生长产生影响，最好通过倒池和大量换水的方法去除。

玻璃海鞘［图2-11（b）］俗称水痘，是刺参育苗生产中常见的问题之一，对刺参养殖的危害主要表现在大量繁殖会与刺参争夺生活空间和饵料，其代谢物的排泄会抑制刺参的生长，同时大量消耗溶解氧。目前尚无有效的药物清除方法，因此对玻璃海鞘的为害应以防为主。如果玻璃海鞘过多，影响到刺参的生长，主要以过筛、挑拣为主进行防治。

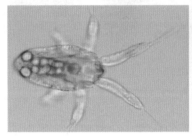
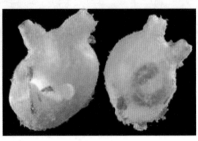

（a）桡足类无节幼体　　　　　　（b）玻璃海鞘

图 2-11　桡足类无节幼体及玻璃海鞘

❀ 第二节　刺参苗种池塘网箱培育

刺参室外网箱生态苗种培育技术是以工厂化育苗技术为基础发展起来的，当前在海上和池塘网箱中开展的刺参生态苗种培育已经具备了一定的产业规模。在刺参养殖池塘，一般以网箱和参礁配合，将在育苗室培育的每千克两万头的苗种培育至两千头左右，再投放到池塘，可以避免换水和倒池对稚参的伤害，同时具有不使用药物、节约人工成本、提高养殖成活率等优势。

一、池塘条件和设施

1. 池塘条件

附近海区无污染、远离河口等淡水源；沙泥底质、水深大于

1.5 m、水位保持稳定、可自然排水纳潮、无大量淡水注入；面积以 40~100 亩为宜；护坡良好，避免风雨天气造成坝体坍塌，或造成池底淤积和水质浑浊；无密生海草危害。

2. 水质

池塘及外海水质符合《无公害食品　海水养殖用水水质》（NY 5052—2001）的要求。水温-2~32 ℃，盐度23~36，溶解氧在 5 mg/L 以上，pH 值为 7.6~8.4。

3. 网箱设置

3.0 m×1.5 m×1.0 m 的网箱若干，网箱总面积不大于池塘面积的30%；上沿露出水面 20~30 cm，将其连成一排或多排，行间距或列间距为 4~5 m；网箱上端用竹竿撑开并设置遮阳网，四角用浮球固定。由于池塘水流动相对较缓，网箱内外水体交换困难，因此应尽量采用有利于苗种繁育的大网目网箱。图 2-12 所示为池塘网箱培育大规格刺参苗种基地。

图 2-12　池塘网箱培育大规格刺参苗种基地

二、前期准备

1. 池塘消毒

在育苗前使用 $20×10^{-6}$ 漂白粉或 $200×10^{-6}$ 生石灰彻底消毒。

如池内有养殖刺参，则此步骤可跳过。

2. 肥水

苗种入池前 10～15 d，用无机肥（氮肥、磷肥）、有机肥（经发酵、消毒的鸡粪等）或专用肥水素进行肥水。透明度大于 30 cm 时，平均 1 m 水深的池塘每亩用复合肥 1.5 kg、磷肥 0.5 kg、氮肥 1～2 kg；有机肥每亩每天施 50 kg 左右，将肥料溶于水后全池泼洒，连续施用 3 d。在养殖过程中，要定期使用微生物制剂调控水质，保持池水透明度为 30 cm 左右，pH 值为 7.6～8.4。

三、培育期管理

放苗密度掌握在 1000～3000 头/m³，放苗时间应在育苗室和池塘水温基本相同时进行。稚参培育网箱上面应遮盖黑色遮阳网，防止强光照射。培育水温一般在 18～27 ℃，盐度 28～32。

定期检查参苗生长情况；每日检查木板框架、大绠、橛子、橛缆、浮漂、网箱等设施情况，及时清理养殖设施上的附着生物；避免网箱破损，防止桡足类无节幼体等害虫进入。适时更换相应的大孔网目，以增强透水性；注意及时更新池水，降雨时防止雨水流入及盐跃层和温跃层的产生。

观察到饲料不足时，可用当地海域含底栖硅藻的活性海泥和鼠尾藻磨碎液等投喂。鼠尾藻用 200 目筛绢网过滤，可根据苗种的密度、附着基饵料情况等因素酌量投喂。

辽宁沿海刺参池塘网箱培育苗种，一般自 7 月至 11 月（约 120 d），正常情况下平均每网箱育出参苗 10 万头以上，规格较大的参苗（大于 2000 头/kg）可以直接投放到池塘，规格较小的参苗可用设置在底层的越冬笼培育到翌年春季，成活率可达到 60% 以上，规格可提高 8～10 倍，投入至池塘养成成活率可以提高 2～

3倍。

四、其他池塘生态育苗模式

土池生态育苗，一般用面积10亩左右的池塘，在培育前1个月完成清淤、整平池底，压实、规整坝坡，聚乙烯膜覆盖池底和坝坡。在聚乙烯编织网内置石块、泥土，扎紧口后，按照一定规则摆放在池塘底部。3袋一组，呈品字形排列，组间距4 m。每池摆放约400组。

造礁后进水80 cm，肥水至水色淡黄，在水温15 ℃以上时投放耳状幼体，密度200个/m³。投放结束后，每3 d向池塘注水10 cm，注意观察水色，当透明度大于30 cm时，通过肥水或投入EM菌等微生态制剂来调控水色。

幼体附着后，池水水深保持1.6 m，注意调节水色、保持透明度小于40 cm，并及时清除蟹类、虾虎鱼等敌害生物。

❀ 第三节　刺参海区网箱生态育苗

海区网箱生态育苗即在自然海区设置网箱，采捕自然海区的种参，从种参或受精卵开始培育，繁育生态健康的刺参苗种。

一、选址及网箱制作

1. 海区选择

选择潮流平缓、水质清澈的内湾，海区环境符合《无公害食品　海水养殖产地环境条件》（NY 5362—2010），水质符合《无公害食品　海水养殖用水水质》（NY 5052—2001）的要求，并且低潮时水深不低于7 m，保证网箱底部不接触海底。

2. 培育网箱设置

培育网箱采用200目尼龙筛绢制作，长5 m、宽5 m、高4 m；网箱的四角和每个边的3点以上，分别用聚乙烯绳固定于设置在浮漂上的木板框架上，绑扎点间距应不大于1 m，并视水流、风浪情况适当增加；在网箱的四个底角及底边中央绑系沙袋，使网箱底部沉入水中，以使网箱各处受力均匀，必要时，还可以在网箱内外垂挂若干2~5 kg的沙袋，利用重力作用使吊绳垂直向下，从而防止网箱壁的形态在水流作用下倾斜。采用打桩或其他方式固定好培育网箱和浮架。图2-13所示为大连长海县海区网箱繁育刺参苗种基地。

图2-13 大连长海县海区网箱繁育刺参苗种基地

为了在刺参幼体附着后改善网箱透水性，可以在迎潮流的2个侧壁设置双层网，一层200目，另一层40目，在适宜时机撤掉200目网。

3. 产卵网箱

在每个苗种培育网箱内部方便操作的一侧设置一个长1 m、宽0.4 m、高0.8 m网箱，网孔5~10 mm，材质可以是硬质塑料筛板或聚乙烯网衣，以方便放取种参而又能阻止其逃逸。

二、种参

种参需体长大于 20 cm、体重大于 200 g、性腺指数达 10% 以上的个体，身体无损伤，无排脏。解剖检查性腺的各分支粗大，雄性乳白色，雌性橘红色。

由于海上网箱生态繁育苗种过程应避免投喂饲料，尽可能接近自然状态，因此要在所在海区自然种参排放精卵的同时期采捕，做到采捕当天或第 2 天排放，否则在网箱中有可能导致性腺萎缩或产卵量少。一般海区底层水温为 16~18 ℃ 时，刺参性腺处于繁殖盛期，宜于采捕。

成熟种参采捕后，进入产卵箱，平挂在培养网箱中，视种参大小及产卵量确定具体数量，一般用量 1~2 头/m³，每个培育网箱需种参 50~100 头。

三、产卵及孵化

在自然环境下孵化，孵化水温为 18~25 ℃，盐度 28~32，溶解氧在 5mg/L 以上，pH 值为 7.8~8.5。

种参在网箱中自然产卵排精，精卵随海水运动自然受精。网箱中受精卵密度达到孵化密度 0.4~0.6 个/mL 时，将种参移出。

四、幼体培育

幼体的培育密度以 0.3 个/mL 左右适宜。以环境中天然饵料为主，当网箱中幼体较多而饵料不足时，应根据幼体的密度、摄食情况等因素适当补充投喂海洋红酵母、酵母粉、浓缩单胞藻、硅藻膏等。

培育期间温度、盐度、溶解氧等条件参照孵化条件；在网箱上面遮盖黑色遮阳网，防止强光照射使幼体下沉。

五、附着期管理

聚乙烯网袋经济实用，目前以其作为附着基较为普遍。每吊附着基由 40~60 个规格为 40 cm×25 cm 的 40 目聚乙烯网袋组成，投放密度约 1 吊/m³（50 袋），每个网箱投放 100 吊左右。

在大耳幼体后期发现幼体中有变态为樽形幼体时，及时将附着基吊挂在培育网箱内。如果附着基在投放前 10~15 d 放置在隔离桡足类无节幼虫的海水网箱中，那么使其附着生长了底栖硅藻后再投放，效果会更好。

稚参培育网箱上面应遮盖黑色遮阳网，防止强光照射。

稚参体长达 2 mm 后，采用当地海域含底栖硅藻的活性海泥和鼠尾藻磨碎液混合投喂，鼠尾藻用 200 目筛绢网过滤。投喂量根据幼体密度和附着基上附着饵料情况等因素酌量增减。

附着期水温一般在 20~27 ℃，盐度 28~32。为增加网箱的透水性，可除掉迎潮流 2 个侧壁的 200 目网，仅余 40 目网。

六、幼参培育

刺参海上网箱生态繁育过程在黄海北部自 7 月至 10 月进行。正常情况下，平均每网箱能育出参苗 20 万头以上。由于生长期短，参苗规格较小（6000~10000 头/kg），大部分没变色，底播增殖成活率不高，还需经过进一步培育。

1. 越冬暂养

利用 40 目纱网制成的幼参暂养网袋进行，每袋大小 40 cm×25 cm，装入 100 头幼参（规格 0.5~1.0 cm），吊养在无底网箱中，每吊 50 袋，每网箱 60 吊，约 30 万头，越冬水层 1~5 m。

2. 大规格幼参培育

翌年 3 月下旬，对吊养在网箱内的越冬苗进行分苗，然后放入网袋吊养在无底网箱内或直接吊养在浮筏上，密度为 10 头/袋、60 袋/吊，吊长 6 ~ 7 m，吊间隔 1 m，每吊下端坠沙袋（重约1.5 kg）。也可利用设置在底层的育成笼进行培育。

培育至 10 月，育成大规格刺参苗种，一类苗规格体长达3 cm 以上，每千克幼参数量为 300 ~ 400 头；二类苗规格体长达2 cm 以上，每千克幼参数量为 800 头以内，均可底播增殖用。

优质的参苗大小均匀、规格整齐、体质健壮，活力强，无畸形、无伤残、无疾病。

七、浅海网箱培育大规格苗种

浅海网箱培育大规格苗种是近年从大连瓦房店市发展起来的新模式（图 2-14）。网箱规格长、宽均为 3 ~ 5 m，深 2 m，横向26 口、纵向 20 组一组网箱，每年 5—11 月培育参苗，一般从 100 ~200 头/kg 培育至 16 ~ 40 头/kg，每口网箱放苗 5.0 ~ 6.5 kg，翻倍率为 2 ~ 3 倍；2021 年底开始有部分网箱从 160 头/kg 规格的刺参培育至 10 ~ 16 头/kg 的商品参，每口网箱放苗 6 kg 左右，翻倍率可达 4 倍。

图 2-14 大连瓦房店海区培育大规格刺参苗种的网箱

这种模式形成的主要原因是：全国刺参三大产区之一的福建以霞浦为养殖中心区，以吊笼养殖为主要养殖方式，通常 11 月从北方购进 16~40 头/kg 的大规格参苗，经过 4 个月养殖，达到 10 头/kg 左右的商品参。这种利用冬季南方海域水温优势开展的刺参反季节养殖，通过大量投喂，在养殖单产和生长速度方面具有显著优势。福建每年需要从北方地区引进超 3000 万 kg 大规格苗种，因为辽宁省海水池塘在 11 月水温很低，甚至会封冰，参苗采捕困难，并且成活率受影响，所以推动了浅海网箱养殖模式的快速发展。短短几年时间，大连瓦房店等海区已发展至 200 多万口网箱，每年春季可利用 1500 万 kg 池塘或苗室越冬培育的参苗，在 11 月下旬为福建提供大规格苗种，不仅解决了北方刺参苗种销售问题，而且每年可新增产值 50 亿元以上。

八、敌害及病害

1. 敌害

在开放海域进行苗种繁育，主要的敌害是桡足类、鱼类生物。200 目的筛网可以阻隔桡足类敌害生物进入网箱，避免其大量繁殖为害稚参安全。

一旦网箱破损，有敌害生物形成危害，须及时更换新网箱，同时对附着基进行简单的药浴，这样可以除掉绝大部分桡足类成体。

2. 病害

生态苗种繁育充分利用了原生态的自然环境，经过早期的自然选择、优胜劣汰，幼体、稚参培育密度小，个体健壮，极少发生病害。由于在开放海域进行苗种繁育，即使有病害发生，也难以进行药物治疗，只能以预防为主。近几年的实践结果表明，选择健康种参，保持网箱环境良好、附着基清洁，能有效防止病害发生。

九、其他注意事项

注意设施安全，网箱的固定十分重要，在海上潮流较大时，如果橛缆松动导致网箱流失，会造成很大损失。每日都应检查木板框架、大绠、橛子、橛缆、浮漂、网箱等设施是否有松动或破损情况。同时需及时清理养殖设施上的附着生物，避免网箱破损使网箱外海水未经过滤进入网箱内，使桡足类害虫等进入。

第三章　刺参池塘健康养殖技术

　　池塘养殖是当前辽宁刺参养殖最主要的模式，产量约占刺参总产量的80%。在潮间带或潮上带，用水泥、沙土、石块等构筑围池，池底摆放石块、网礁等作附着基，池塘两端分别设立进水、排水闸门，池水交换靠自然纳水或动力提水。一般池塘30～150亩，水深2 m左右，经过生物饵料的培养，在养殖过程中不投喂或少量补充人工饵料，参苗需经过1年半以上生长周期方可达到商品规格。

❀ 第一节　辽宁省海水养殖池塘聚集区环境特征

　　刺参生长需要特定的环境条件，如底质、水温、pH值、溶解氧等，各种环境要素都会成为限制刺参养殖的要素。笔者对辽宁省沿海7个面积超过5万亩的海水养殖池塘聚集区（图3-1）的气候、潮汐、径流、主要理化和生物指标等进行了调查和分析，为刺参池塘养殖布局选择提供参考。

　　从辽宁省海水池塘养殖区影响刺参的主要环境指标水温、盐度、溶解氧和pH值来看，养殖池塘全年水温变化范围为-4.1～35.3 ℃，基本上都有长达3个多月的冰封期。盐度变化范围为20～33；pH值变化范围为7.12～9.15；全年溶解氧在5.8 mg/L以上。大连瓦房店、普兰店，锦州凌海，葫芦岛兴城等地养殖区环境相

图 3-1　辽宁省沿海海水养殖池塘聚集区位置图

对稳定。大连庄河、丹东东港、盘锦大洼和营口老边等地区邻近河口，受到河口径流影响，加上夏季降水，pH 值和盐度变化较大，盐度最低可降至 20，同时邻近河口区浅水长滩，夏季海水温度升温快，容易对刺参养殖产生影响。表 3-1 所列为辽宁省主要海水养殖池塘聚集区主要环境因子特征。

表 3-1　辽宁省主要海水养殖池塘聚集区主要环境因子特征

环境因子	锦州凌海	大连瓦房店	大连普兰店（黄海水域）	大连庄河	营口老边	丹东东港	葫芦岛兴城
水温/℃	-0.7~28.3	1.2~28.0	-3.3~32.0	-1.5~28.8	-1.7~32.0	-4.1~33.8	-1.2~30.0
盐度	26~34	29~31	30~32	22~31	22~25	20~28	28~33
溶解氧/（mg·L^{-1}）	>7.4	>8.5	>7.7	>7.3	>7.6	>5.8	>8.1
pH 值	7.11~8.59	7.32~8.55	8.02~8.05	7.46~7.97	7.91~8.25	7.45~9.15	7.75~8.14

表3-1（续）

环境因子	锦州凌海	大连瓦房店	大连普兰店（黄海水域）	大连庄河	营口老边	丹东东港	葫芦岛兴城
冰期	11月下旬至翌年3月上旬	12月上旬至翌年3月上旬	12月下旬至翌年3月上旬	12月上旬至翌年3月中旬	11月下旬至翌年3月上旬	12月上旬至翌年3月中旬	12月上旬至翌年3月中旬
底质条件	泥沙底	沙泥底	泥沙底	泥沙底	沙泥底	泥沙底	沙泥底

一、锦州凌海

2022年，凌海市刺参海水养殖面积为49.22万亩，养殖产量为11.25万t，养殖方式包括池塘养殖、滩涂、浅海底播养殖。其中，海水池塘面积为27.80万亩，是辽宁省乃至全国最大的连片池塘养殖区，主要养殖刺参、对虾等。2022年，凌海市池塘养殖产量为2.02万t。其中，刺参产量为1.79万t，是辽宁省刺参产量最大的县级市。图3-2所示为凌海市连片刺参养殖池塘。

图3-2　凌海市连片刺参养殖池塘

凌海市地处北温带，属温带季风大陆性气候。气候四季分明，雨热同季，日照充足。春季气温低，回升慢，风大雨少，蒸发快，气候干燥；夏季雨量集中，气温高；秋季气温偏高，下降缓慢；冬季干冷，多晴朗天气，雨雪较少。年平均气温 8.7 ℃，年平均降水量 610 mm，年日照时数 2700 h。海域冰期一般从 11 月下旬至翌年 3 月上旬，长达 3 个多月。

凌海海域的潮汐性质属于不规则半日潮：两次高、低潮，存在潮汐日不等现象。涨潮时，东北向的辽东湾涨潮流从锦州湾南岸大体朝西北方向伸入锦州湾；潮落时，海水从西北朝东南流出湾外，汇入西南向的辽东湾落潮流。锦州湾的波浪以风浪为主，涌浪次之，常浪向和强浪向为西南偏南（SSW），平均波高为 0.2～0.7 m，最大波高为 1.2～1.4 m，极值为 4.6 m［东南偏南（SSE）向］；平均周期为 2.2～2.3 s。

凌海市海域有大凌河水系、小凌河水系、辽河流域的绕阳河水系和独流河等入海，近岸海水盐度的分布和变化受河水径流的影响较大，季节性变化明显。一般夏季盐度最低，约 29；春、秋、冬三季盐度接近，约 31。海区池塘养殖底质多为泥沙底，海水温度冬季平均值为 0.7 ℃，夏季平均值为 26～28 ℃；pH 平均值为 8.09；溶解氧变化范围为 6.99～8.36 mg/L，平均值为 7.49 mg/L。

海区共检出浮游植物 20 种，隶属于硅藻、甲藻和金藻 3 个门类，优势种类为硅藻类的中肋骨条藻和夜尖藻，总细胞数量平均值为 1.3317×10⁶ 个/m³，群落结构以广温、广盐温带近岸性种类为主，近岸浮游植物数量较多，远岸较少。浮游动物约有 18 种（原生动物 1 种、水母类 3 种、桡足类 13 种、毛颚类 1 种），以及一些浮游幼虫、鱼卵和仔鱼等。生物量平均值为 349.74 mg/m³，优势种为海洋伪镖水蚤和强壮箭虫。

二、大连庄河

2022 年，庄河市海水养殖面积为 85.37 万亩，养殖产量为

55.18 万 t。养殖方式包括浅海滩涂、池塘、深水网箱、浅海筏式养殖。浅海滩涂养殖面积最大；其次是池塘养殖，面积为 30.88 万亩，主要养殖刺参、海蜇等。2022 年，庄河市池塘养殖产量为 3.77 万 t，其中，刺参产量为 1.11 万 t。图 3-3 所示为庄河市连片刺参养殖池塘。

图 3-3　庄河市连片刺参养殖池塘

庄河市属于北温带湿润大陆性季风气候。受黄海影响，兼有海洋气候特点，四季分明，雨热同季。春季气温低，回升慢，春风大，蒸发快；夏季雨量集中，气温高；秋季气温偏高，下降缓慢；冬季雨雪稀少，当寒潮侵袭时，可能会出现短时间严寒天气。海域冰期为 3~4 个月，流冰厚度为 10~15 cm，流冰的最大水平尺度为 20~100 m，最大流冰速度为 0.6 m/s，多出现在湾口附近。固定冰厚度一般为 15~30 cm，海湾两侧比较平直的岸冰宽度一般在 50 m 以内。

庄河市海域位于黄海北部海域，潮波系统是太平洋潮波进入中国近海，北上绕过朝鲜湾后形成的北黄海潮波系统，在东经 122°30′以东的海区为规则半日潮，以西的海区为不规则半日潮。

庄河市近岸海域有碧流河、英纳河、沙河等河流入海，同时受鸭绿江入海淡水影响，海区盐度相对较低；同时浮游生物资源丰富，海区海水环境状况比较稳定，环境质量较好。海区池塘养殖底质多为泥沙底；盐度变化范围为 28.47 ~ 31.27，平均值为29.87；pH 值的变化范围为 7.46 ~ 7.97，平均值为 7.72；溶解氧变化范围为 11.24 ~ 12.01 mg/L，平均值为 11.66 mg/L。

浮游植物群落组成基本以硅藻类为主，是较典型的北方海域近岸种类组成，优势种较突出，优势度较显著。共检出浮游植物2 大类 34 种，其中硅藻 30 种、甲藻 3 种、金藻 1 种，种类多样性较丰富。海域调查共采集到 4 大类 16 种（类）浮游动物，生物量平均值为 1060 mg/m³，优势种有中华哲水蚤、沃氏纺锤水蚤和拟长腹剑水蚤。

三、大连瓦房店

2022 年，瓦房店市海水养殖面积为 28.57 万亩，养殖产量为11.42 万 t，主要养殖方式包括池塘养殖、围堰养殖和浅海底播增殖。其中，海水池塘面积为 16.98 万亩，主要养殖蛤仔、刺参等。2022 年，瓦房店市池塘养殖产量为 6.47 万 t。其中，刺参产量为1.3 万 t。图 3-4 所示为瓦房店市沙山地区刺参池塘、围堰养殖区。

图 3-4 瓦房店市沙山地区刺参池塘、围堰养殖区

瓦房店市属于暖温带亚湿润气候区。年平均气温为 8.6 ~ 10.5 ℃，年极端最高气温为 36.7 ℃，年极端最低气温为-25.1 ℃。气温随季节变化比较明显，尤其冬、夏两季冷暖分明。夏季受海洋的暖湿气流影响，气温最高；冬季受内陆高寒气流影响，气温最低。春、秋两季为过渡时期，秋季气温略高于春季。海域冰期从 12 月至翌年 3 月上旬，平均值为 90 d 左右。一般在东岗以北沿岸常为封冻，东岗以南沿岸多为流冰或短期封冻。

瓦房店市海域属于不正规半日潮，每日出现两次高、低潮，但存在潮汐日不等现象。平均潮差为 1.38 m，最大潮差为 2.93 m。近岸海区潮流运动形式以往复流为主。

瓦房店海域入海的河流有复州河、邓屯河、南极河、红沿河、苇套河、永宁河和浮渡河等 7 条。除复州河，其他河流多处在雨季有水、旱季断流的状态，因此河流对海域环境条件影响不大，海水盐度稳定在 31 左右；海区池塘养殖底质多为沙泥底，水温范围为 8~25 ℃，适合刺参等增养殖。

瓦房店市共检出海域浮游植物 3 门 18 科 28 属 35 种，大多数属于广温广盐性种类。其中，硅藻门的种类最多。春季海域浮游植物平均密度为 $5.4×10^6$ 个/m^3，优势种主要为丹麦细柱藻和尖刻菱形藻；秋季海域浮游植物平均密度为 $2.68×10^6$ 个/m^3，优势种为具槽直链藻和中心园筛藻。浮游动物经鉴定有 24 种，春季浮游动物生物量平均值为 204.4 mg/m^3，优势种依次为桡足类幼体、桡足类无节幼体和双刺纺锤水蚤；秋季浮游动物生物量平均值为 520.2 mg/m^3，依次为桡足类幼体、小拟哲水蚤、双刺纺锤水蚤、强额拟哲水蚤。

四、大连普兰店

2022 年，普兰店区海水养殖面积为 21.75 万亩，养殖产量为 13.01 万 t，主要养殖方式包括池塘养殖和浅海、滩涂增养殖。其中，海水池塘面积为 14.60 万亩，主要养殖刺参、对虾等。2022 年，普兰店区池塘养殖产量为 8846 t。其中，刺参产量为 7003 t。

普兰店区处于暖温带湿润、半湿润季风气候区，海洋气候特色明显。四季分明，气候温和，雨热同季，光照充足。7 月平均气温为 24.4 ℃，1 月平均气温为−3.3 ℃，年平均气温为 9.4 ℃。年平均降水量为 626.9 mm，平均日照时数为 2500 h。冰期约为 3 个月，从 12 月上旬至翌年 3 月上旬。冰情较重期，冰厚一般为 5~20 cm，浮冰界 10 km。沿海潮汐属正规半日潮，最大潮差为 4.8 m，平均潮差为 3.0 m。

普兰店境内河流密布，但直接入海的河流的径流量均由降水形成，因此对海域理化指标影响较小。海水池塘底质以泥沙底为主，海域盐度范围为 31.28~31.71，pH 值范围为 8.02~8.05，溶解氧范围为 7.69~9.81mg/L，水质相对稳定。

海区浮游生物以广温低盐近岸种为主体，其中共检出浮游植物 26 种，硅藻 12 科 15 属 25 种，占种类组成的 96.15%；甲藻为 1 科 1 属 1 种。优势种为中肋条藻、布氏双尾藻、洛氏角毛藻，优势度范围为 0.14~0.25，平均值为 0.20。采集到浮游动物 15 种。其中桡足类 9 种，占种类组成 60%；浮游幼虫 3 种；长尾类、涟虫类和毛颚类各 1 种。浮游动物优势种类为强壮箭虫和大同长腹剑水蚤。

五、营口老边

2022 年，营口市老边区海水养殖面积为 24.65 万亩，养殖产量为 5.04 万 t，主要养殖方式包括池塘养殖和浅海、滩涂增养殖。其中，海水池塘养殖面积为 13.62 万亩，主要养殖海蜇、对虾、刺参等。2022 年，老边区池塘养殖产量为 1.99 万 t，其中，刺参产量为 1600 t。图 3-5 所示为营口市老边区连片海水养殖池塘。

图3-5 营口市老边区连片海水养殖池塘

营口市老边区属暖温带季风大陆性气候，四季分明，雨热同季，气候温和，降水适中，光照充足，气候条件优越。年平均气温为9℃，7月平均气温最高为24.8℃，1月平均气温最低为-9.2℃。每年冰期在11月中旬至翌年3月上中旬，年平均结冰日数为99 d。

潮汐周期属不正规半日混合潮，受径流和河道地形影响，存在潮汐日不等现象。每天出现涨潮2次、落潮2次。潮流为规则半日潮流，以往复流为主，涨潮主流向东北（NE）至东北偏东（ENE），落潮主流向西南（SW）至西南偏西（WSW），一般大潮流速大于小潮流速。潮流流速垂直结构普遍为中层流速大，表层次之，底层最小。

营口海域入海较大的河流有大辽河、奉士河、淤泥河、大旱河等。其中，大辽河是由浑河、太子河汇聚而成的较大河流，从老边区入海，因此该海区盐度变化范围较大，在河口附近盐度相对较低，并且季节性变化较大，盐度平均值为30.22；海区池塘底质以沙泥底为主；pH值变化范围为7.91~8.25，平均值为8.13；溶解氧变化范围为7.56~8.56 mg/L，平均值为8.16 mg/L。

老边区海域因紧邻大辽河口，陆源运送的营养盐和有机质丰富，近岸海域氮、磷含量较高，水质肥沃，从而初级生产力处于较高水平，变化范围为369.5~819.3 mg·C/（m^2·d）。浮游植物大多属广温广盐性沿岸种类，群落生物多样性指数较低。主要优势种为中肋骨条藻。浮游动物种类组成以广温低盐近岸种为主体，包括毛颚类、水母类、端足类、原生动物、十足类、糠虾类、桡足类、浮游幼虫等。中小型浮游动物主要优势种类为洪氏纺锤水蚤、拟长腹剑水蚤。大型浮游动物主要种类为强壮箭虫、中华哲水蚤。

六、丹东东港

2022 年，东港市海水养殖面积为 116.95 万亩，养殖产量为 36.67 万 t，主要养殖方式包括浅海、滩涂增养殖和池塘养殖。其中，海水池塘面积为 10.25 万亩，主要养殖海蜇、对虾、缢蛏等。2022 年，东港市池塘养殖产量为 5.28 万 t。其中，刺参产量仅为 131 t。

东港市属温带湿润地区大陆性季风气候，兼具海洋性气候特点，冬无严寒、夏无酷暑、四季分明、海陆风明显。年平均气温为 9.3 ℃，年极端最高气温为 33.8 ℃，极端最低气温为−28.2 ℃。年平均降水量为 814.6 mm。冰期一般为 12 月上旬至翌年 3 月中旬，总冰期为 100 d 左右，盛冰期约为 45 d。流冰厚度一般为 5~15 cm，最厚可达 30 cm 以上。固定冰在岸边形成，厚度约为 0.4 m，最厚可达 0.8 m。

鸭绿江口潮汐为正规半日潮，昼夜两涨两落，平均潮差为 4.51 m，最大潮差为 7.60 m。东港海区水域属强潮海湾，为规则半日潮流，涨落潮主流集于主槽。涨潮主流向北（N）至东北偏北（NNE），落潮主流向西南偏南（SSW）至南（S）。

东港市境内有长 5 km、积水面积 5 km^2 以上的河流 20 条，鸭绿江、大洋河两大水系干流穿过市境入海，使河口附近盐度出现低值区，由河口区向海一侧呈现递增趋势，盐度平均值为 26.79。海水池塘底质以泥沙底为主，海区 pH 平均值为 8.01，溶解氧平均值为 7.84 mg/L。

东港市海域受鸭绿江和大洋河口影响，浮游植物丰富，春季叶绿素 a 含量和初级生产力最高，平均值分别达到 14.03 mg/m³ 和 1404.46 mg·C/（m²·d）。海域浮游植物共检出 4 门 33 属 70 种。其中，硅藻 27 属 57 种，占总种数的 81.4%；甲藻 4 属 11 种，金藻 1 属 1 种，黄藻 1 属 1 种。春季浮游植物数量均值为 2.13× 10⁸ 个/m³，优势种为尖刺伪菱形藻和夜光藻；夏季均值为 9.03×10⁸ 个/m³，优势种为窄隙角毛藻、尖刺伪菱形藻、中肋骨条藻和圆筛藻等；秋季均值为 3.56×10⁸ 个/m³，优势种为短角弯角藻、中肋骨条藻、丹麦细柱藻和尖刺伪菱形藻。共检出海洋浮游动物 26 种，隶属 19 科 20 属。其中，桡足类 17 种，水母类 2 种，枝角类 1 种，端足类、糠虾类、介形类、涟虫类、毛颚类和被囊类各 1 种。此外，还有 9 类浮游幼虫和部分鱼卵仔鱼。优势种有拟长腹剑水蚤、强壮箭虫、双刺纺锤水蚤等。平均生物量为 91.6 mg/m³，平均丰度为 11259 个/m³。

七、葫芦岛兴城

2022 年，兴城市海水养殖面积为 29.60 万亩，养殖产量为 18.30 万 t，主要养殖方式包括池塘养殖、浅海底播、筏式养殖、工厂化养殖等。其中，海水池塘面积为 5.04 万亩，主要养殖刺参、对虾、三疣梭子蟹等。2022 年，兴城市池塘养殖产量 5731 t。其中，刺参产量为 4468 t。

兴城市处于北温带亚温润性气候区。四季分明，气候温和，光照充足。年平均气温为 8.7 ℃。1 月平均气温为 -8.8 ℃，最低气温为 -24.2 ℃；7 月平均气温为 24.0 ℃，最高气温为 38.2 ℃。年平均降水量为 600 mm，雨热同季，平均无霜期为 175 d 左右。兴城海域是我国沿海冰冻最严重的海区之一，平均冰期为 105 d，固定冰期为 60 d，浮冰流动主流向大致呈西南偏西（WSW）至东南偏东（ESE），浮冰最大流动速度可达 1.5 m/s。固定冰平均厚度约为 30 cm，平均最大厚度为 33 cm，最大冰厚可达 70 cm；固定冰宽度大致分布在离岸 500 m 范围内，极值宽度超过 4000 m。

兴城海域的潮汐类型复杂，团山角附近为非正规半日混合潮，兴城市南部沿海属非正规混合潮，绥中沿岸为正规日潮。潮流以往复型为主，涨潮、落潮均为沿岸流，近岸流速小，葫芦岛海峡为流速最大区域，表层最大流速为 0.6 m/s 左右，一般流速为 0.2~0.3 m/s，余流流速很小。

兴城市境内较大河流有六股河、烟台河、兴城河等，3 条河流斜贯全境，注入渤海，海区盐度变化范围较大，为 28.06~30.05，pH 值范围为 7.75~8.14。海水池塘以沙泥底质为主。

兴城海域依靠陆源输入的营养盐和有机物质，水质较肥沃，初级生产力处于中等水平。近海检出浮游植物 100 种，包括 5 门 30 属。其中，硅藻类 90 种、甲藻类 10 种，优势种依次为直链藻、圆筛藻、骨条藻。检出浮游动物 36 种，分属 8 个门类。其中，桡足类 26 种、水母类 10 种。在 6—8 月还有大量的浮游幼虫出现，约有 25 种。其中，甲壳类、软体动物的浮游幼虫最多，优势种依次为桡足类、强壮箭虫。

❀ 第二节　刺参养殖池塘基本设施要求

一、池塘条件

1. 场址选择

刺参养殖池塘选址应是在生态环境良好，远离河口，无或不

直接受工业"三废"及农业、城镇生活、医疗废弃物污染的水
（地）域。养殖区域内及上风向、灌溉水源上游应没有对产地环
境构成威胁的污染源。应尽量选择离海区较近，潮流通畅，能纳
自然潮水，适于刺参摄食的饵料生物丰富（尤其是底栖硅藻数量
充足），附近无大量淡水注入，排灌水方便的场址。

2. 水质要求

刺参养殖池塘要求水源无污染，无淡水注入，水质常年稳
定，进排水方便。刺参池塘养殖用水具体标准应符合表 3-2 要
求。

表 3-2　养殖池塘养殖水质标准

序号	项目	标准值
1	色、臭、味	海水养殖水体不得有异色、异臭、异味
2	漂浮物质	水面不得出现油膜、浮沫和其他漂浮物质
3	悬浮物质	人为增加量不得超过 10 mg/L，而且悬浮物质沉积于底部后，不得对养殖品种产生有害的影响
4	大肠菌群	不大于 5000 个/L，供人生食的渔业养殖水质不大于 500 个/L
5	粪大肠菌群	不大于 2000 个/L，供人生食的渔业养殖水质不大于 140 个/L
6	病原体	供人生食的渔业养殖水质不得含有病原体
7	水温	人为造成的海水水温升高，夏季不超过当时当地温度 1 ℃，其他季节不超过 2 ℃

表3-2(续)

序号	项目	标准值
8	pH 值	pH 值范围为 7.8~8.5，同时不超过该海域正常变动范围的 0.2pH 值
9	盐度	28~33
10	溶解氧	不小于 5 mg/L
11	化学需氧量	不大于 3 mg/L
12	生化需氧量（5 d、20 ℃）	不超过 5 mg/L，在冰封期不超过 3 mg/L
13	无机氮（以 N 计）	不大于 0.3 mg/L
14	活性磷酸盐（以 P 计）	不大于 0.03 mg/L
15	汞	不大于 0.0002 mg/L
16	镉	不大于 0.005 mg/L
17	铅	不大于 0.05 mg/L
18	六价铬	不大于 0.01 mg/L
19	总铬	不大于 0.1 mg/L
20	砷	不大于 0.03 mg/L
21	铜	不大于 0.01 mg/L
22	锌	不大于 0.1 mg/L

表3-2(续)

序号	项目	标准值
23	硒	不大于 0.02 mg/L
24	氰化物	不大于 0.005 mg/L
25	硫化物（以 S 计）	不大于 0.05 mg/L
26	挥发性酚	不大于 0.005 mg/L
27	石油类	不大于 0.05 mg/L
28	六六六	不大于 0.001 mg/L
29	滴滴涕	不大于 0.00005 mg/L
30	马拉硫酸	不大于 0.0005 mg/L
31	甲基对硫磷	不大于 0.0005 mg/L
32	乐果	不大于 0.1 mg/L
33	多氯联苯	不大于 0.00002 mg/L

3. 底质要求

刺参养殖池塘的底质要求：无工业废弃物和生活垃圾，无大型植物碎屑和动物尸体等；无异色、异臭；底质有害有毒物质最高限量应符合表3-3规定。

表3-3 养殖池塘沉积物质量标准

序号	项目	标准
1	废弃物及其他	池底无工业、生活废弃物，无大型植物碎屑和动物尸体等
2	色、臭、结构	沉积物无异色、异臭，自然结构

表3-3（续）

序号	项目	标准
3	大肠菌群	不大于14个/g（湿重）
4	粪大肠菌群	不大于3个/g（湿重）
5	病原体	供人生食的刺参增殖底质不得含有病原体
6	汞	不大于0.20 mg/kg
7	镉	不大于0.50 mg/kg
8	铅	不大于60.0 mg/kg
9	锌	不大于150.0 mg/kg
10	铜	不大于35.0 mg/kg
11	铬	不大于80.0 mg/kg
12	砷	不大于20.0 mg/kg
13	有机碳	不大于2.0 mg/kg
14	硫化物	不大于300.0 mg/kg
15	石油类	不大于500.0 mg/kg
16	六六六	不大于0.50 mg/kg
17	滴滴涕	不大于0.02 mg/kg
18	多氯联苯	不大于0.02 mg/kg

注：除大肠菌群、粪大肠菌群、病原体，其余数值测定项目（序号6~18）均以干重计。

二、池塘建造及人工参礁设置

1. 池塘建造

池塘一般为长方形，走向以利于海水交换为宜，两端各设进、排水闸门1个，可自然纳潮、排水。排水渠的宽度应大于进水渠，排水渠底要低于参池排水闸底30 cm以上，以利于自然排水。

池塘规模依实际情况而定，一般单池面积为30~150亩；池深应保证大潮时纳水能达到2.0 m以上，池水能经常保持1.2 m以上为宜；池坝要高出大潮水面30 cm以上；池底以岩、礁石、硬泥沙或泥沙底为好，无渗、漏水；池塘坡比为1∶2.5，可用水泥板或石头护坡。如果海水水体浑浊，应当在进水处建立一个沉淀和过滤池，以过滤有害生物、杂质和沉淀泥沙。

2. 池塘整修

对于由虾池和鱼塘改造的刺参养殖池塘，池塘整修主要是对坝坡进行加固处理，防止因池水冲荡和雨水冲刷对坝坡的破坏及坝土流失造成的池底淤积。既可用石块砌浆、水泥板护坡，也可采用压铺碎石、塑料编织袋或无纺布等护坡。

3. 参礁设置

池塘底部是刺参生长、夏眠和越冬等栖息生活的重要场所，因此模拟自然海区的海底岩礁结构，有利于刺参栖息、爬行、摄食、夏眠和越冬；否则，将会影响刺参的正常生长发育，达不到池塘养殖的效果。传统池塘多为沙泥质或稀泥质，难以满足刺参养殖要求，需要对其进行改造。为给刺参栖息生长提供良好的环境，通常在池底设置人工参礁（图3-6）。具体方法如下。

（1）石头礁

采用条状石，即长度不限，宽0.3 m，条石间距1.5 m左右；

（a）石头礁　　　　　　（b）网礁　　　　（c）石头礁和网礁间隔设置

图 3-6　参礁设置

块状石堆状投石，即每隔 1.0~2.0 m 投石 1 堆，每堆体积为 0.5~1.0 m³；塘内组礁为垄式投石，垄间距 3~5 m，高度 30~50 cm；满天星投石，即随意地向池塘中投石。

（2）水泥、空心砖等

水泥材料制作的原则是多孔、多层，便于刺参藏匿和栖息，其大小和重量以搬运方便为宜。带孔的参礁的孔径一般为 10 cm 左右，便于刺参栖息与采捕。

空心砖、瓦片排列成人工礁可筑成垄式，高度、宽度均为 30 cm。为便于清池，人工礁排列成条形或韭、非字形，主排距 1.0~1.5 m，支排距约 0.5 m。

（3）网礁

网礁因造价低、收获方便，成为近年最常见的附着基，一般用竹竿直接插网，也可以用聚乙烯管制作的框架，外面用 60 目网围成网礁笼，按照 2~3 m 的间距放置礁笼。图 3-7 所示为不同结构的网礁。

（4）其他人工参礁

编织袋也可制作参礁，将编织袋装满扇贝或牡蛎等贝壳或者泥沙，把口扎紧，使直径达到 30 cm 以上。按照 2~3 m 的间距沿池边深水地带排列成行，总排列面积占池底面积的 1/3。

对于稀软底质的参池，必须人为创造悬空的底质，以适宜于

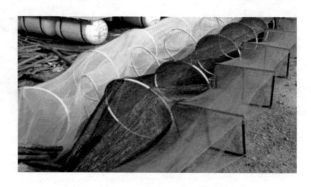

图3-7　不同结构的网礁

刺参的生长，可以采用水泥柱、石柱、竹筒等物，打立排桩，然后用铁丝和尼龙绳连接，再把筐篓、轮胎、瓦片、树枝、竹制品、人工礁等物吊于绳索上，吊物接近池底面即可，密集成片；或者用接近地面的矮桩，将绳索和旧网片架起一个层面。

总之，各地区可以根据不同养殖池塘的条件，利用经济实用、无毒无害的材料，因地制宜地进行人工参礁的制作和布设。

三、放养前的准备

1. 清池消毒

养参前，应将养成池、进排水沟渠等里面的积水排净，封闸晒池，维修堤坝、闸门，清除池底的污物杂物。沉积物较厚的地方，翻耕曝晒或反复用抽水泵冲洗干净。

人工参礁设置好后，纳水浸泡池塘15 d，再将池水放掉，采取连续冲洗、浸泡的方法降低底泥中的有机物含量。

在放养前20 d（一般在4月初进行），池塘注水30~40 cm，用50~70 kg/亩的生石灰（或10~20 kg/亩的漂白粉）全池泼撒，清除掉鰕虎鱼、蟹类等敌害生物，以及底栖藻类和病原生物等。

2. 繁殖基础饵料生物

消毒后1~2 d开始纳水至80 cm，镜检水样，若没有甲藻等有害藻类，用适量发酵的有机肥或者无机肥，按照氮、磷比 10∶1 培育基础饵料生物。15 d 后，有益生物大量繁殖，大量底栖硅藻开始附着人工参礁，即可投苗。另外，要注意纳水时的温度、盐度与池水的差别及池塘周围环境的变化，保证肥水效果。

❀ 第三节　刺参池塘养殖关键技术

一、参苗选择和运输

苗种的来源有 4 种：一是秋苗，即人工培育的当年苗种，苗种小于 4000 头/kg；二是春苗，即上年人工培育的越冬苗，苗种 400~1000 头/kg；三是池塘网箱培育的大规格苗种，苗种 1000~2000 头/kg；四是池塘手捡苗，苗种 16~40 头/kg。

放苗前，应检查参苗的质量，以育苗期不用违禁药物、健壮无病为好。健康的参苗体表干净、无黏液，身体伸展自然，头尾活动自如，爬行运动快；体表色泽黑亮无溃烂，肉刺尖而高，摄饵快，排便快，排出的粪便呈条状不粘连。

刺参苗种运输用水应符合《渔业水质标准》（GB 11607—1989）的要求，盐度不得低于 28。常用的苗种运输方法有以下 3 种。

1. 不剥离干运法

苗种不经剥离，随附着基一起运输。稚参和附着基装入 30 L 保温箱，每箱 1.5~2.0 kg，适当加冰袋，保持运输途中温度不超过 20 ℃，温度基本恒定，运输时间不超过 8 h。

2. 剥离后干运法

剥离后的苗种装箱运输，每箱 1.5~2.0 kg，在保温箱底部加少量冰袋，铺放 2~4 cm 厚的棉花或水草，其上再铺用海水湿透的纱布，将参苗均匀平放，再盖纱布，盖 2~4 cm 厚的棉花或水草，喷水将其湿透，外围以塑料布挡风。温度控制在 20 ℃以内。当天气干热时，路途中还需适当喷淋海水。运输时间在 8 h 之内。

3. 水运法

利用苗种专用运输车是较好的运输方法，适合长途运输。苗种专用运输车是专门为运输鲜活水产品苗种和成品而设计的一种隔热、全封闭的运输车，车内安装有充氧设备和制冷保温设备。运输稚参时，将苗种剥离后，用玻璃钢桶或者塑料桶充氧运输。例如，将稚参苗种盛装在用 60 目筛绢网包裹的圆柱形网笼（半径 30 cm，高 40 cm）中，每个网笼中放置稚参 2.0~2.5 kg，网笼 5 个一组上下叠放在 400 L 盛有海水的圆柱形大塑料桶里，桶中备有气石不间断充氧，水温控制在 20 ℃以下恒定。运输时间在 15 h 以内。

也可将苗种用双层无毒无味的白色 PVC 袋（60 cm×40 cm）盛装，参苗装入量为 1.5~2.0 kg，装满水充氧后，密封袋口，运输时把 PVC 袋装入带有冰瓶的 30 L 保温箱中，每箱装 2 袋，运输时保持温度基本恒定。运输时间在 6 h 以内。

二、苗种投放

1. 放苗时间及放养密度

可在春秋两季投放参苗（4—5 月或 10—11 月），根据苗种的来源合理安排投放时间。放苗应在天气晴朗、无风或微风时进行，应保证水温在 5 ℃以上，最适宜温度为 10~15 ℃，盐度 28~32，溶解氧不低于 4.5 mg/L，pH 值比较稳定。特别需注意放苗的刺参苗种培育池和养殖池盐度差应小于 2。

刺参养殖池塘的投苗数量与池塘的参礁情况和底质状况密切相关。新开发的池塘、造礁情况好的池塘，或者安装了微孔增氧设备的池塘，可以适当增加投苗的数量。参苗的来源一般有以下4 种。

（1）秋苗

人工培育的当年参苗，每亩放养量 5000~10000 头，密度根据换水量、水的肥度及池塘的生产力等调整，成活率一般 30%~50%，1 年半至 2 年可收获。

（2）春苗

上年人工培育的越冬苗，每亩放养量 4000~8000 头，当年可收获 1/4~1/3，成活率一般在 70%以上，翌年夏眠前可全部收获。

（3）网箱苗

春秋两季均可投放，每亩放养量 2000~3000 头，成活率可达 90%以上，养成周期在 1 年以上。在饵料充足情况下，半年能达到手捡苗规格。

（4）手捡苗

春秋两季均可投放，每亩放养量 100~200 头，半年可养成，但苗种投入量大，投苗资金多，抗风险能力弱。

2. 投放方法

参苗放养入池，可采用直接投放或网袋投放。

（1）直接投放

大参苗可直接撒到池底的石头或人工礁上，投放较为简单，但参苗往往分布不均匀。

（2）网袋投放

规格较小的参苗附着力和活动力都很差，直接投放死亡率较高。可将参苗装在 20 目的网袋中，每袋 100~200 头，袋内装有小石块，以防网袋漂浮移动。由潜水员把参苗投放到指定位置，打开网袋，使参苗自行爬出逸散。参苗爬出后，吸附在附近的石块等基质上，免受水流的冲击，能有利地避免敌害，提高参苗的成活率，在池塘底部的分布也较为均匀。

三、养成期管理

刺参养成期间要做好水质调控、投喂饵料、病害防治等管理工作，加强日常管理，观察并记录刺参摄食情况和生长状况；巡池检查，观察堤坝闸门是否正常；等等。

1. 水质调控

在刺参养殖过程中，应保持池塘内水质清新、水流畅通。池塘进水闸门处可设置拦污网，防止漂浮垃圾和油污等随着潮流进入池塘污染池水。

（1）常规监测

监测水质变化，重点监测水温、盐度、溶解氧、pH 值等，定期监测氨氮、化学需氧量等理化指标；观察水色、透明度，以及浮游生物的种类、数量；定时巡池，观察刺参的生活、生长、摄食、排便等状况。当发现水质异常、刺参活动异常等时，应及时采取相应措施。图 3-8 所示为养殖池塘参礁上和滩面的刺参。

（a）参礁上　　　　　　　　　　（b）滩面

图 3-8　养殖池塘参礁上和滩面的刺参

（2）水质管理

每天观察水质变化，池内水色控制在浅黄绿色至浅棕色，透明度保持在 30 cm。换水量应根据池塘中基础饵料种群的稳定情况及海区的水质状况酌情增减。

6月中旬前应遵循多进少排原则；高温期要保持最高水位，加大换水量，大雨过后要及时排淡；对生物量过大的高产池，夜间需用增氧机或水泵增氧，每天2~3次，每次2~3 h。

（3）注意事项

刺参为狭盐性种类，夏季大雨时，池塘内盐度骤降，极易造成水体分层，阻止上下层水体交换，使底层溶解氧降低，造成刺参死亡，因此雨季应及时排掉表层淡水，加大换水量，保持盐度不低于25。

应及时捞出池内过多的大型藻类、残饵、杂物等，防止因其腐烂等导致池底部缺氧而引起刺参死亡。

夏季要防止水温剧升，如水温超过30 ℃的时间达48 h以上，极易造成参体腐烂。因此，必须增加水深，采取换水、遮光、降温等措施。高温期还可根据水质情况向池内定期泼撒益生菌等改善水质状况；如果光线过强，刺参成回避反应，光线直射池底，还易使喜光植物大量繁殖，导致水质恶化。除在养殖池内设置足够的石堆及大型海藻等隐蔽处，还可通过施肥（如鸡粪、化肥等），以繁殖饵料生物，降低其透明度，避免强光直射，改善刺参的栖息环境。

严防将油污等污染物带进池中，在投喂饵料、施用药物时，要严把质量关，不施用劣质产品、过期产品、冒牌产品，防止违禁药物、化学品等入池。

2. 底质管理

（1）底质环境对刺参生长的影响

刺参属于底栖动物，池塘底质各种组分的构成和变化都将直接影响其生活和生长，因此保持刺参养殖池塘良好的底质状况对刺参的健康生长至关重要。

池塘的底质类型主要有沙质底、沙泥底、泥沙、泥质底、岩石底和混合型。除岩石底，其他底质都由表面黄色的氧化层、中间灰色的半氧化层和下面黑色的厌氧分解层构成。

氧化层主要包括纳潮时带进的悬浮物、絮凝物，海水中浮游藻类和浮游植食性动物（如桡足类）的尸体和粪便，其他各种动植物（如牡蛎、鱼、蟹和藻类等）的尸体和粪便，刺参的尸体和粪便及滩面原有的基质，等等。氧化层的有机质十分丰富，而有机质始终处在氧化过程之中，并在氧化的同时释放甲烷和二氧化碳等。不同的底质形成不同的底栖动植物区系，导致氧化层的厚度各有不同，从而对苗种的成活率和刺参生长速度的影响也不尽相同。

氧化层和厌氧层厚度的变化受季节影响明显。相关研究结果表明：10月氧化层厚度达到最高值，翌年2月厌氧层厚度达到最高点。在缺氧条件下，由于厌氧细菌的活动，硫酸盐经过还原作用形成硫化氢；反之，当硫化氢与水中溶解氧接触时，由于好氧细菌的作用而被氧化产生硫，再继续氧化产生硫酸盐。因此，硫化氢的存在为缺氧的标识。硫化氢对绝大多数生物而言，具有剧毒。因为半氧化层和厌氧层始终处在缺氧状态下，所以它们始终不停地通过氧化层向外渗出或释放硫化氢。氧化层的厚度越大，厌氧层产生的硫化氢越不容易溢出，越有利于刺参生长。

（2）老化底质问题解决方法

老化底质问题的解决，除了正常的池塘清淤、暴晒，可以适时投放一些底质改良的生物制剂或安装微孔增氧设备。滋底是近年刺参池塘养殖经常采用的底质调控方法，能有效改善由于刺参密度过大、过度投喂产生的残饵粪便引起的池塘底部恶化，不仅可以解决池塘底部普遍存在溶解氧供应不均匀的问题，而且可以促进营养盐向池水中释放，提高养殖水体的生产力。在具体养殖生产中，需要根据池塘条件和刺参生长情况，灵活采用不同的滋底操作方法。

① 春季融冰后滋底（图3-9）。辽宁海水池塘冬季冰封时间

约 3 个月，期间水中藻类大量死亡沉积加上部分池塘冰封前投放饵料造成池塘底部有机质过多，在厌氧条件下会产生有害物质，此时滋底前要先试验，小范围先滋，如果发现滋起来水色发黑，那么应及时配合使用增氧和底质改良剂。

图 3-9 春季融冰后滋底

② 3—7 月和 8 月中下旬至冰封前滋底。此阶段为常规管理阶段，滋底应根据池塘底部具体情况并结合刺参下滩情况而定。以 50 亩池塘为例，常规滋底半个月一次，每次滋 2 d，每天 4～6 h。大型底栖藻较多的池塘在春季草刚萌发时进行滋底，可使浑浊物质附着在藻体表面，影响其进行光合作用，抑制草生长。刺参刚下滩时，滋底以轻滋为主，尽量不要较大扰动下滩海参，刺激过大，部分刺参会出现回礁情况。

③ 高温期间滋底。随着水温升高，底部厌氧发酵会加剧，故一般选择在水温 28 ℃之前，刺参已经绝大部分回礁时进行滋底。水温在 30 ℃ 时，选择凌晨 3 点开始滋底，连续滋 2～4 h 保证水体呈现略浑浊状态，悬浮物可以吸收一部分太阳辐射转化的热能，保证池底温度不会升高过快。这项工作一直持续到全天最高水温低于 30 ℃ 结束。如果池塘没有增氧设施，下雨时没有伴随

大风，可及时滋底打破水分层，避免盐度跃层造成底部缺氧。

④ 冰封前滋底。刺参养殖一年残留的饵料和粪便，以及混养生物的生物尸骸等，易造成底部有机质过多，通过滋底增加底部溶解氧，能加速有机物分解转化。以 50 亩池塘为例，连续滋 4~5 d，若底部出现黑水，应配合使用氧片和底质改良剂。

3. 饵料和投喂

一般刺参池塘养殖较少投喂饵料，主要靠天然饵料生物维持，这种情况下刺参生长较为缓慢。对于养殖密度大的池塘，可以适当补充饵料。池塘养殖刺参可根据池塘条件、养殖密度等进行非投饵型与投饵型养殖。

（1）非投饵型养殖

刺参主要靠摄食池塘中的天然饵料，如单胞藻、底栖硅藻类、微生物、有机碎屑、腐烂的小型动物尸体等维持生长所需的营养。养殖池塘基础饵料丰富及纳潮条件好的绝大部分池塘不用投饵。

（2）投饵型养殖

养殖密度较大的池塘，在刺参快速生长的适温期可以适量投饵。投喂的原则是适合、适时、适量，避免所投饵料堆积。

可用于投喂刺参的饵料种类有很多，如富含底栖硅藻的优质海泥、海藻粉、鱼粉、虾粉、豆饼、花生饼、麸皮等，这些饵料可单独投喂，但以混合投喂为宜。

每年的 4—6 月和 10—11 月，水温 10~18 ℃时是刺参快速生长的季节，可根据养殖水体的环境情况、饵料状况和存池量，适量投喂人工配合饵料。

可采用解剖法和观察法判断刺参的摄食状况。清晨时，随机取数个刺参解剖，如果肠道充塞程度饱满，说明投饵量适宜。或者取数个刺参置于小水槽中暂养 1~2 d，观察排便情况，如果刺参排便少且较细，说明投饵量偏低。由于大面积养殖难以准确计算池塘中存活刺参的数量，不能准确确定投饵量，因此应经常对其检查调整。

4. 病害和敌害防控

健康成参的标准为个体粗壮，体长与直径比例小；肉刺尖而高，基部圆厚，肉刺行数 4~6 行，行与行比较整齐。

池塘养殖刺参最常见疾病是腐皮综合征，也是最严重的疾病，无论是放养的苗种还是池塘养殖的成参均有发生。其主要症状是发病早期从疣足尖端开始溃烂，严重时身体开始溃烂，甚至全身溃烂、自溶，俗称化皮病。

在刺参养殖过程中，对病害应坚持"以防为主，防治结合"原则，控制疾病的发生。日常注意勤观察，发现有溃烂病，立即收集病参，隔离药浴，症状消失后，再投入池中；外海水有化学污染或有机污染时，应停止换水，加强内循环，待污染解除后，方可换水。雨季淡水大量注入时，应提早换水，并加大换水量。可以采取以下措施有效预防病害发生。

① 高温季节加大换水量并提高水位至 2 m，保持池底水温不超过 28 ℃。

② 投饵适量，避免残饵腐败变质影响水质。

③ 适时、适量放投改善水质和底质的生物制剂。

④ 雨季提高水位，雨后尽快排出上层淡水，防止盐度剧烈变化和海水分层。

⑤ 防止受污染的海水及油污随纳潮进入池内或通过堤坝渗入池内。

⑥ 预防赤潮、黑潮、黄潮等。赤潮必须提前预防，赤潮高发期应注意外海水有无异常，换水时最好镜检确定赤潮生物的含量；当透明度达 0.5 m 以下时，可以通过撒生石灰来预防；对于 1.5 m 以下水深，可将生石灰碾成粉末，以 20~30 kg/亩的量均匀撒落。生石灰沉底变为白色，对刺参基本无害。

⑦ 清除敌害，进水时用 80 目网进行过滤，以防鱼、虾、蟹等敌害卵及幼体进入池内。

5. 需特别注意的问题

（1）高温

夏季气温高，导致池塘水温升高。刺参相对不耐高温，接近或超过所能承受的水温上限可能导致其死亡。另外，高温期一般水位较高，由于池塘相对封闭的环境，水体表层和底层容易出现水温分层。如果循环不畅，长时间分层会使刺参栖息的底层缺氧，导致有害微生物大量繁殖，并因此使池塘底质环境迅速恶化，引发病害。

底质环境恶化主要包括参礁污染、藻类大量死亡、池底有机物污染等。例如，参礁的黑变会大量消耗底层水的溶解氧，换水量小的池塘，如果参礁密度过大，高温期就有可能因缺氧而导致发病；如果水温超过藻类的适合温度，底栖大型藻类也会迅速死亡，腐败分解时产生氨和硫化氢，由于刺参行动慢，而且有夏眠习性，很难及时逃离局部不良环境，可能直接被杀死。

（2）暴雨

暴雨可以使池塘盐度在十几个小时内陡降 5 以上，盐度下降速度快、降幅大，会超出刺参正常盐度适应范围；过量淡水注入后，盐度低的水密度小，会在池水上层形成较厚的淡水层，阻截水体中溶解氧的上下流动。同时因水质突变，可能会使大量杂藻死亡、腐烂变质沉积池底，有害物质含量升高，增加有机耗氧量，使底层水体严重缺氧，水质环境恶劣加剧，造成刺参缺氧窒息，甚至死亡。

针对暴雨带来的上述问题，可以采取以下应对措施。

① 在强降暴雨中及雨后，打开闸门排淡板。未设置排淡板的，可在池坝的安全部位铺设临时排淡管道，及时排掉池水上部

的淡水层，尽可能减少淡水积累，确保池水盐度降幅最小。

② 在实施排淡措施后，可全池投施增氧剂或采取机械增氧方法增氧，以消除海、淡水分层，避免上部淡水层对底层溶解氧传递的阻隔，提高底层溶解氧，保证溶解氧在 3 mg/L 以上。

③ 暴雨过后，可全池撒生石灰粉，提高 pH 值；待外海盐度提升后，加大换水量，使 pH 值尽快恢复到正常范围内。

④ 暴雨过后，应及时彻底清除腐败杂藻，同时全池施用沸石粉、生石灰、生态制剂等底质改良剂，以降解底质中氨氮、硫化氢等有害物质含量，改善水质和底质环境。

⑤ 待 pH 值恢复稳定后，定期投施光合细菌、EM 菌等，形成有益菌优势菌群，以抑制病原菌等过量繁殖。

（3）结冰和冰融

正常状态下，池塘中除植物的光合作用产生一部分氧，池塘溶解氧的主要补充来源是纳潮进水和空气融入。在冬季，当北方大多地区池塘表层结冰后，由于受到冬季季风的影响，尽管是大潮期，很多养殖池塘也只能少量纳潮进水，水体中溶解氧主要来源于植物的光合作用。如果被积雪覆盖，透明度降低，影响水体的光合作用，更易导致水体缺氧。因此，应及时清除积雪，打好冰眼，从而促进饵料生物繁殖，增加溶解氧。

池塘结冰以后，空气和水的交换界面被切断，在缺少溶解氧补充的情况下，氧化层的氧化能力降低，致使厌氧层迅速向上蔓延。可以清晰观察到有些养殖池塘底部黄色的氧化层上面有很多黑点，这是在缺氧的情况下，厌氧层向上蔓延透出氧化层的结果。随着池底黑色厌氧层部分增厚，表面的黄色氧化层部分相应地减少变薄，导致硫化氢很容易溢出氧化层。此时低温改变了刺参的代谢速率，使其活动能力降低，出现迟钝、缓慢和静止等状态，易受硫化氢等影响而死亡。

2月下旬，池内结冰开始大面积融化，至3月上旬结冰全部消失，此时是一年中氧化层厚度的最低点。经过冬季的低温作用和持续的缺氧环境，再加上盐度的突然变化影响，刺参的抗病能力降到最低，经常出现死亡。随着气温回升，池内的水温也开始上升，但自然海区的水温变化却不明显，池塘与外海水出现温差。很多养殖池塘到大汛期进水时，海水交换量大、流速快，如果不能有效地控制换水量，进到池内的海水将因温度反差大而产生层化现象，即冷水在底层，池内的水由于温度高而被拖到上层。此时，突然受到低温刺激的各种细菌产生应激反应而停止活动，从而扰乱底层稳定的生态平衡，致使各种有害物质毒性加大。同时，海水分层使上下层水交换受阻，容易使底层溶解氧降至极限，导致刺参死亡。图3-10所示为春季融冰期间、降雨期间刺参养殖池塘内部变化情况。

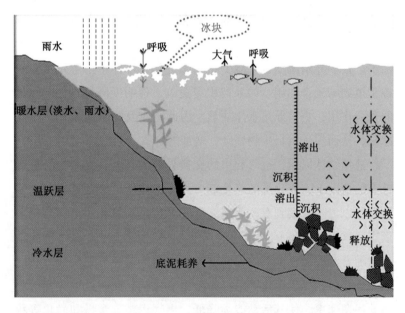

图3-10　春季融冰期间、降雨期间刺参养殖池塘内部变化情况

（4）高温和越冬期应采取的措施

① 度夏期和越冬期应加满水，水深至少 1.5 m 以上；池塘较浅的可设置环沟，以利刺参度夏和越冬。

② 高温期保持水质清新及适宜刺参正常生长的温度，是保证其安全度夏的重要条件，也是刺参养殖的重要一环。

正常情况下，成参在水温超过 20 ℃时，便开始进入夏眠状态，超过 28 ℃生命活动便不正常。因此，在夏季高温期，水位要保持在 2 m 以上的最高水位。能自然纳水的池塘，只要潮水质量合适，就应进水；无自然纳潮条件的池塘，也要坚持每天机械进水，保证一定的换水量。尽量夜间提水，以把水温降到最低。每次换水时，要注意消除池塘换水死角及保证换水的均匀性。

除了通过加大换水量和保持高水位来降低水温，面积较小的池塘可增加避光设施，如使用遮阳网降温；对生物量过大的高产池，还需用增氧机或水泵进行内循环，日增氧和内循环 2~3 次，每次 2~3 h，以夜间为主。

③ 越冬前，特别是在秋季的快速生长期，可使用光合细菌等有益的微生物改良底质；适量投入生石灰，以利在越冬期有一个良好的底质环境。

④ 在越冬期的大潮汛期应适量换水；在雪后应及时除净冰面上的积雪，以利于冰下的光合作用，增加溶解氧；早春应打冰眼，以利通气；冰后应注意水温及盐度的调控，避免水温及盐度的激烈变化，适量换水并逐渐加大换水量。

四、收获

每年 10 月至翌年 5 月为刺参的收获季节，采捕方式可采用轻潜或重潜。刺参的收获规格为体重达 100 g 以上，自然伸展体长 15~20 cm。池塘养殖刺参一般采用轮捕轮放方式，每年留小捕大，并根据存池量补充参苗。

❀ 第四节 刺参池塘多品种复合养殖技术

刺参池塘多品种复合养殖模式，是根据不同地区池塘的环境条件及养殖品种的生态习性，在同一池塘搭配养殖合适的品种，形成种间相互利用、相互促进的生态环境，达到相对稳定的生态平衡，构成生物的多样化，保护和改善生态环境的目的。它是一种优势互补、相互促进、循环利用的养殖模式，能够提高池塘养殖空间的利用率，有效提高单产，降低单一品种养殖的风险。

在辽宁地区已发展的刺参池塘多品种复合养殖模式中，刺参与对虾的复合养殖是最成功的一种。在水交换量大、参礁布设较少的大面积池塘，可以进行刺参与海蜇的复合养殖，这样能够有效利用养殖空间，提高养殖效益。

一、刺参和对虾复合养殖技术

刺参养殖池塘复合养殖对虾仍以刺参养殖为主，池塘设施无需改变。为便于操作管理，池塘面积以 50 亩以内为好，水深应超过 1.5 m。养殖前期准备（如清淤、消毒和肥水）与刺参单养池塘相同。

1. 复合养殖虾苗的种类

在刺参池塘适量投放日本囊对虾、中国明对虾、斑节对虾等苗种（图 3-11），有利于充分利用有效的养殖水体。对虾摄食养殖池塘中的浮游动植物，能调节水质和透明度；对虾活动对底层水的扰动，能促进营养要素磷等从积物中释放，促进水体营养盐利用；对虾摄食桡足类等浮游动物、涡虫等扁形动物，能对刺参起到保护作用；刺参和对虾处于不同的生态位置，食性不同，对虾粪可以被刺参利用；辽宁池塘养殖刺参从 6 月下旬至 8 月底有长达 2 个月的夏眠期，此时正是对虾快速生长阶段。在刺参养殖池塘，根据底质的状况不同，适当放养不同类型的虾苗，在保障刺参正常产量的情况下，可以增加养殖效益；一般刺参亩产量可比单养时提高 1 倍以上，对虾每亩产量 20 kg 左右，亩产值达到 1.6 万元，效益比单养刺参时提高 6000 元左右。

（a）日本囊对虾　　　　（b）中国明对虾　　　　（c）斑节对虾

图 3-11　适合与刺参混合养殖的对虾种类

2. 投苗

虾苗在每年 5 月中旬投放，通常情况下每亩投放 1 cm 以上的健康虾苗 2000～3000 尾。选择晴朗无风的天气，在 9：00—11：00 放苗，虾苗培养池与养殖池塘的各项指标要接近，水温温差不超过 3 ℃，盐度差不超过 5。为提高虾苗的成活率，可以先在养殖池内一角用 40～60 目筛绢网围出一块面积进行中间暂养，虾苗经 15～20 d 培育，体长达 2.0 cm 时，再放入池内养成。

3. 养殖管理

（1）水质管理

定期监测水温、盐度、溶解氧、pH 值等理化指标。养殖适宜盐度为 18～35、pH 值为 8.0～8.6、溶解氧达 5 mg/L 以上、透明度为 30 cm 左右。定期使用微生态制剂及生物制剂进行水质调节。

对虾放苗时，水位应在 1.50 m 以上，换水量根据池塘中基础饵料种群的稳定情况及海区的水质状况酌情增减。养殖密度较高的池塘，需用增氧机或水泵增氧，每天2~3次，每次2~3 h。

（2）饵料

每天观察水质变化，调控水色及浮游生物的种类、数量，透明度保持在30 cm左右。养殖池透明度达到60 cm以上时，说明池塘水体较瘦，饵料生物少。饵料不足时，向池中添加生物肥水制剂，培养有益浮游生物。泼撒肥料的类型和施肥量视池塘具体情况而定。根据天气条件及对虾和刺参生长状况、有无脱壳、胃肠饱满度等增减对虾的投饵量。

（3）日常观察

定时巡池，观察刺参和对虾的生活、生长、摄食、排便、生长蜕壳、活动及死亡状况，及时清除池中敌害生物，若发现漏水、生长异常等现象，应及时采取必要措施。进、排水时，不要快排快灌，水流要缓，防止闸口的防护网对对虾造成伤害。每5~10 d测量一次对虾生长情况，既可测量对虾体长，也可测量对虾体重，每次测量数量应大于50尾。定期估测池内对虾数量，可用旋网在池内定点打网取样测定。

4. 收获

刺参的投苗和收获不受复合养殖的影响。根据虾的生长情况，适时收获。中国明对虾在10月水温降至8 ℃时，开始停止生长，应在此前及时收获；日本囊对虾在温度低时，会潜在池塘底部，不好捕获，可根据池塘大小及捕获工具，在温度适宜时及时捕获。

5. 需特别注意的问题

投放虾苗的刺参养殖池塘，要注意以下几个问题：进、排水时要安装好过滤网，严禁杂鱼虾进入养殖池；要保持池水新鲜，坚持定期换水，保持池塘内有丰富的浮游动植物；对虾的放苗密度不宜过大，减少对虾投饵对池塘底质的影响。

二、海蜇与刺参复合养殖技术

进行刺参与海蜇复合养殖，是基于一些养殖池塘所在海区浮游动植物比较丰富，尤其是夏季池塘内的浮游动植物产量高，少量混养海蜇，一方面可以有效利用养殖水体、增加经济效益，另一方面有利于调控养殖环境的水质。

1. 池塘条件

海蜇有随波逐流的习性，喜向迎风面池边聚集，极易被冲上池沿而致死，因此大的池塘、池坝角度陡峭的池塘适合海蜇和刺参的混养，一般 300 亩以上的池塘能获得较高产量。混养池塘要求距离海水较近，进、排水方便、畅通，最好是小潮也能纳水的池塘。水源无污染，符合《渔业水质标准》（GB 11607—1989）和《无公害食品　海水养殖用水水质》（NY 5052—2001）的要求，盐度 15~30，pH 值为 7.8~8.8，池塘水深超过 1.5 m，海水中浮游生物丰富；底质为柔软的泥沙质。

在海蜇养殖过程中，外伤是引起其死亡的重要原因之一，因此应在浅水区及池边设立拦网。拦网以网片竖立在水中，网片不可贴在池壁上，上沿的高度在进水时，应不被水淹没；拦网的下沿在排水时，还应至少有 30 cm 的水深。拦网的网目以 0.5 cm 为宜。网片应用无结的网，也可以用网目与纱窗布相似的网布，还可以用塑料布。为防止敌害生物侵入，需在池塘进水闸门周围设置 40~60 目进水网。

刺参养殖池塘混养海蜇需要特别注意的是，因为海蜇在天气不好和阳光直射及大风的情况下，会下潜到池塘底部，如果池塘底部附着基是简单的石块和瓦片等参礁，不会影响海蜇的下潜和上浮；如果是网礁等，海蜇钻到其中便不能上浮，容易死亡，腐烂后会影响水环境，影响刺参的生长，甚至导致刺参死亡。因此，在选择刺参和海蜇混养时，应选择在没有设置类似网礁的池塘进行。

2. 基础饵料的培育

海蜇养殖正常放苗时，可以依靠换水来改善池水中基础饵料生物的丰度，以满足海蜇正常生长所需。为了增加池水中基础饵料生物的丰度，对于养殖密度较大的池塘，可在放苗前15 d适当地进行施肥。肥料可根据当地水质选择使用，无机肥一般施尿素0.6~1.2 kg/亩、磷肥0.12~0.24 kg/亩，施肥应选择在晴天的早晨或上午进行，可直接撒入水中，也可溶化后全池泼洒；有机肥一般用经发酵消毒的鸡粪挂袋施肥，鸡粪经过充分发酵后，每袋装入10 kg，每亩挂8~10袋，水呈现黄绿色或黄褐色后，逐渐加水，7~10 d后追肥1次，用量减半。施肥次数依据池水透明度灵活掌握，一般施肥量每次递减。池水透明度达30~40 cm时，减少或中断施肥，可以向池塘中接种轮虫或卤虫等。

3. 海蜇苗投放

水温15 ℃以上、水深1.5 m、透明度30~40 cm时，宜放苗；大风、暴雨天，不宜放苗。海蜇苗伞径1.5~3.0 cm，体型正常，游姿舒展有力，个体活跃，大小均匀，体色透明，无病伤。

苗种运输采用聚乙烯塑料袋充氧和泡沫箱外包装运输。短途运输的充氧容量占塑料袋容积的50%，伞径1.5 cm的海蜇运输密度约为1000头/L；长途运输的充氧容量占塑料袋容积的60%，运输密度约为800头/L；跨省运输和空运中，可在泡沫箱中加冰降温，一般24 h运输成活率在95%以上。运输途中要求遮光，将水温控制在18~26 ℃。

根据池塘条件和苗种规格确定放养密度。一般复合养殖池塘采取轮放轮捕的养殖方式，全年可放养2~3茬。第一茬5月中

旬，在水温达到 15 ℃ 以上、透明度 40 cm 时，每亩放苗 40 ~
60 头；当海蜇生长到 45 d、伞径达 20 cm 时，可在池塘放养第二
茬海蜇苗种，每亩放苗 60~80 头；如果要放养第三茬，可在第二茬
海蜇生长到 45 d 后，放入第三茬海蜇苗种，每亩放苗 80~100 头。

放苗应选择在天气状况较好时，最好在早晨和傍晚进行。投
放地点应选择养殖池的上风口处。放苗时，先打开袋口，置于池
水中，适当加一些池水，让苗种适应 15 ~ 20 min，待塑料袋内水
与池塘水的盐度差不超过 5、温差不超过 3 ℃ 后，再用小船运至
池中间，进行多点投放。苗种应缓慢放入池塘上风口处，切勿在
下风口处或池周浅水区放苗。放苗操作应缓慢进行，以防伤苗。

4. 养殖管理

海蜇养殖过程中的环境条件控制，应在满足刺参养殖条件，
不影响刺参正常生长的情况下进行。

（1）前期管理

海蜇养殖最适温度范围为 22 ~ 28 ℃，盐度范围为 18 ~ 30，
pH 值范围为 8.0 ~ 8.6，溶解氧为 5 mg/L 以上，透明度 30 cm
左右。为保持池塘中饵料生物的数量，换水遵循勤换少换原则，
蜇苗入池前期，以添水为主。放苗后，如果天气正常、水质正
常，半月内不需换水。进、排水时水流要缓，防止对海蜇造成伤
害。

（2）中后期管理

养殖中期和高温期，水位应至少维持在 1.5 m 以上。养殖中
期是海蜇快速生长的时期，此时进入雨季，天气、海况变化较
大，换水要注意外海水质情况，不要在大风、大雨等恶劣天气换
水。随着海蜇不断长大，应加大换水量，每次换水量为养殖池塘
水量的 15%~35%，先排后进，并坚持少量多次原则。

要对养殖池塘进行日常的温度、盐度检测，尽量把环境因子

控制在海蜇生长的最适范围内，以便其快速生长。要特别注意池水的透明度与水色，并保持水质鲜活，池水透明度控制在 30 cm左右，水色长期保持茶褐色、褐绿色或黄绿色。养殖池透明度达 50 cm 以上时，应向池中添加生物肥水制剂，培养有益浮游生物。撒入肥料的类型和施肥量视池塘具体情况而定。

5. 收获

海蜇生长 50~60 d 后，体重达到 5 kg，伞径 30 cm 以上，达到商品规格，可用手操网捕获，捕大留小。体重 5 kg 以上的海蜇食量较大，若摄食量不足，体重会萎缩。若养殖池中饵料生物不丰富，养殖到 3~4 kg 即要起捕，以免造成损失。9 月中下旬，水温下降至 18 ℃以下时，必须全部捕捞完成。

❀ 第五节　刺参池塘底栖大型藻类防控

在刺参池塘养殖过程中，除细菌和病毒等病原会造成刺参死亡，大型底栖藻类的过度繁殖也会对刺参的生长造成严重影响。

一、养殖池塘大型底栖藻类暴发的危害

在辽宁海域，每年 5—9 月海水温度适宜、营养盐丰富，刺参养殖池塘中易滋生刚毛藻、海绵藻等大型底栖藻类。大型底栖藻类大量繁殖后，占据养殖空间，消耗水中的营养盐、氧气。特别是在夏季高温期，大量藻体死亡腐烂时产生毒素，使养殖池底部氨氮等有害物质急剧升高，同时消耗大量的氧气，严重时造成刺参死亡。大型藻类过度繁殖对刺参养殖的不利影响主要有以下 4 个方面。

1. 肥水困难

在适合的光照、水体透明度下，大型藻大量繁殖会消耗池塘

的养料，抢夺池塘中的营养成分，使池中浮游植物数量稀少，池水变清瘦，肥水困难；同时会抑制底层硅藻生长，减少刺参等养殖动物的饵料来源。

2. 影响水质

底栖大型藻大量繁殖后，池塘水无法达到"肥、活、嫩、爽"，干扰水体正常的能量、物质循环，对养殖生物产生刺激，容易导致刺参不摄食，生长缓慢，甚至死亡，降低养殖成活率。

3. 腐烂时败坏水质、底质

大型藻类大量繁殖至衰老时，藻丝断裂离开池底浮在水面。在高温季节，藻体变黄发白，有的沉底后腐烂变黑产生硫化氢，散发恶臭味，严重破坏池塘底质环境，败坏水质，影响刺参生长，甚至导致死亡。

4. 养殖动物受困

有些大型藻类暴发压缩了养殖池塘内的活动区域，严重时造成刺参生长缓慢、体质消瘦。例如，养殖池塘中有网状、棉絮状的大型藻，当刺参苗种放入后，很容易被藻丝缠住，影响其觅食和呼吸，导致死亡。

二、刺参养殖池塘常见底栖大型藻类种类

刺参养殖池塘常见底栖大型藻类有数十种，主要为绿藻门（Chlorophyta）的刚毛藻属（Cladophora）、硬毛藻属（Chaetomorpha）、浒苔属（Enteromorpha）、水绵属（Spirogyra）及红藻门（Rhodophyta）的一些种类。其中，钢丝藻、刚毛藻、海绵花等危害较大，且生长旺盛时不易清除。

按照生长时间划分，刺参养殖池塘常见底栖大型藻类主要有以下9种。

1. 黄管菜

黄管菜［图3-12（a）］在冬季冰下缓慢生长，化冰后大量生

长，属于低温草，水温升高到 18 ℃左右时，开始死亡腐烂。

（a）黄管菜　　　　　　　　　（b）绿管菜

图 3-12　黄管菜、绿管菜实物图

2. 绿管菜

绿管菜［图 3-12（b）］在晚春和深秋季节常见，于冰面尚未开化或化冰后开始生长，危害较大。

3. 钢丝藻

钢丝藻［图 3-13（a）］在春末至夏初均可生长，纤维含量高，不容易灭杀，且死后不容易腐烂。其生长速度极快，高峰期每天可长几十厘米，是对刺参养殖危害严重的水草之一。

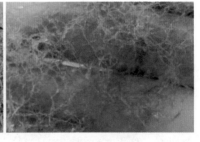

（a）钢丝藻　　　　　　　　　（b）刚毛藻

图 3-13　钢丝藻、刚毛藻实物图

4. 刚毛藻

刚毛藻［图 3-13（b）］在夏季常见，与钢丝藻相似，区别在于刚毛藻藻体较细且短，呈分枝状。

5. 海绵花

海绵花［图3-14（a）］在夏季常见，温度20 ℃以上开始生长，大量生长时可以铺满整个滩面，造成底质缺氧，引起漂参和化皮，是危害最为严重的大型藻。

（a）海绵花 　　　　　　　　（b）水绵

图3-14　海绵花、水绵实物图

6. 水绵

水绵［图3-14（b）］在春末夏初生长，与绿管菜相似，较绿管菜软、细，草的表面发黏。

7. 浒苔

浒苔［图3-15（a）］在6—8月繁殖较多，管状膜质，有分支，有的呈叶状，高可达1 m以上，条件适宜时容易大量繁殖，其死苔会给刺参养殖带来危害。

（a）浒苔 　　　　　　　　（b）红苔鲜

图3-15　浒苔、红苔鲜实物图

8. 红苔鲜（红毛草）

红苔鲜［图3-15（b）］在6—9月多见，大多生长在参圈坝边上，呈朵状，纤维成分较高，不易腐烂，由于存在空隙，基本不会对滩面和刺参造成影响。

9. 鹿角菜（鸡爪子菜）

鹿角菜（图3-16）在6—9月可见，个别参圈生长较多，危害较小，可打捞或不处理。

图3-16　鹿角菜实物图

三、大型底栖藻类过度繁殖的防控措施

大型底栖藻类的种类因地域、温度、盐度等因素差异而有所不同，传统的处理方法是通过杀草药物来防治，这种方法虽然短期效果明显，但是容易反复，并且藻类大量死亡会对刺参生长产生影响。在自然条件下，大型藻生长需要孢子、光照、营养三大条件，缺一不可，只要能限制其中的任何一个条件，就可能抑制大型藻的大量繁殖。

（1）孢子

大型藻成熟以后形成孢子，像种子一样通过水流传播，并在适宜的环境下生长。养殖池塘都是通过纳潮进水，必然会从外海带进大型藻的孢子。孢子的大小只有 $10\sim20~\mu m$，要想控制其进入池塘几乎是不可能的。

（2）光照

光照是大型藻生长的重要条件，大型藻通过光合作用进行生命代谢。目前池塘养殖基本属于粗养模式，水质往往比较清瘦，透明度大。特别是在刺参养殖池塘，春季大型底栖藻类繁殖期，为了促进底栖硅藻生长，大部分的养殖户习惯于将水质处理得清瘦一些。大型藻在刺参池塘泛滥，一般都是从池塘周围水浅的地方或附着基顶部开始，逐渐向水深处蔓延。透明度越大，池塘底部越能接受充分的光照，越能满足大型藻生长的光照需求，其生长就越旺盛。

（3）营养

大型藻生长所需的营养物质主要来源于外源海水和池塘底部沉积的有机质。通常养殖 2 年或以上的池塘，大型藻发生的概率大大增加；养殖年限越长的池塘，底部有机质越丰富，大型藻生长得也越旺盛。

综上所述，大型藻在刺参养殖池塘泛滥的主要原因是池塘底部光照充足及水质、底质富营养化。如果在大型藻大量繁殖之前，通过人工施肥，培养适量的浮游藻类，保持较低的透明度，控制底层的光照度，可以较好地控制大型藻的过度繁殖。尤其在一些精养、半精养的池塘，有一定的增氧能力，少量地投喂饵料，营养供给充足，藻类水平较高，更能有效地控制大型藻的暴发。对已经发生的大型藻过度繁殖，目前常用的除藻方法有物理法（人工捞草）、化学法和生物法。

1. 除藻剂防治

泼洒化学除藻剂具有简便易行且见效快的特点，但易造成抗药性和环境污染，使用不当还会对刺参产生毒害作用。因此，在养殖生产中，应尽量避免使用除藻剂，或选择高效、低毒、环保的除藻剂使用。

在使用除藻剂时，应注意如下 3 点。

① 清理有害藻宜早不宜晚，最好在春天藻刚刚萌发时进行杀灭。

② 一般除藻剂是通过根或叶吸收进入藻体内，进而影响其光合作用，达到除藻目的。因此，要选择阳光充足的时间进行清

理，并且使用后 3~5 d 仍为晴天。同时，使用期间尽量不要排水换水，以便除藻剂能充分发挥作用。

③ 杀藻后及时改底和肥水。改底是将死亡的有害藻分解，防止底质恶化发臭；肥水是使水体中浮游植物迅速增长，降低透明度，防止有害藻的再次过度繁殖。

2. 生物制剂防控

通过投放生物制剂改良底质是控制大型藻类过度繁殖的另一种手段。池塘底质多以胶凝粒子存在，各种有机物、营养盐、微量元素大多以络合体凝集在一起，不易释放到水体中。池塘底质中的营养物质不能被分解，越积越多，同时水体中浮游藻类没有足够的养分而不能大量繁殖，水体无法进行有效净化和生态循环。将滋底和投放益生菌等手段结合使用，合理搭配益生菌种类，利用芽孢杆菌、酵母菌等将底质中的大分子有机质首先分解为小分子，然后通过光合细菌、乳酸菌等将小分子有机质分解为营养盐，提高有机质的氧化、氨化、光合磷酸化、解磷、固氮等一系列生化反应效率，最终转化成易被藻类利用的无机盐，进而被浮游植物利用，这有效限制了大型藻类的营养来源，间接达到控制大型藻类过度繁殖的目的。

3. 生物防治

在刺参池塘中，除养殖刺参，可根据池塘具体条件，混养对虾、海蜇、海胆、篮子鱼等物种，通过其他食草生物的清除作用，防控有害藻大量繁殖，刺参则能清除其他物种的残饵和粪便等，净化水质，提高生长速度和成活率。同时，混养模式能使养殖物种多元化，增加养殖效益。

❀ 第六节　刺参其他增养殖模式

为适合不同海区的养殖环境，刺参养殖模式正逐渐多样化，除池塘养殖，还有围堰养殖、潮间带沉笼（箱）养殖、浅海底播增养殖、浅海网箱养殖、浅海吊笼养殖、室内工厂化养殖等。

一、围堰养殖

刺参的围堰养殖地点多选择处于内湾或海岛沿岸，潮流通畅、水质清新、无污染、无大量河水流入和有海藻生长的岩礁地带。选好地点后，人工建设坝体围海开展刺参养殖生产。围堰多为泥沙或岩礁底质，自然沉积物较丰富，适宜刺参生存；围堰面积一般较大，水深大于3 m，水交换好，适于管理和收获。围堰养殖一般放200头/kg的大规格苗种，经8~10个月养成。围堰养殖模式下，刺参成活率高，品质基本与底播刺参一致。瓦房店沙山地区是国内围堰养殖规模最大的海域。

二、潮间带沉笼（箱）养殖

刺参的潮间带沉笼（箱）养殖主要选择风浪小、无淡水注入、潮流通畅、管理方便的潮间带地区。在这种养殖模式下，刺参养殖的安全系数较高，便于管理和观察，但由于刺参活动区域有限，需要不断疏散，以减少空间对刺参生长的限制。

三、浅海底播增养殖

浅海底播增养殖是在浅海适合区域投石设礁、增殖海藻或利用原生态海区条件人工投苗进行生态养殖。在这种养殖模式下，刺参养成周期较长（超过3年），品质与野生刺参没有差别。这种养殖模式集中在大连市长海县、旅顺口区、瓦房店市，葫芦岛市兴城市等刺参自然栖息海区。

四、浅海网箱养殖

网箱养殖是在浅海或池塘，用木板或塑胶材料和浮筒搭建框架，直接在聚乙烯网衣做成的网箱中养殖刺参的模式。池塘网箱一般用来将育苗室出产的每 500 g 万头的苗种培育至千头左右，再投放到池塘，以降低苗种成本，提高养殖成活率。浅海网箱养殖分为培育大规格苗种和养殖成品两种。大连是我国浅海网箱刺参养殖规模最大的地区，占全国刺参浅海网箱养殖总规模的 60% 以上。

五、浅海吊笼养殖

浅海吊笼养殖（图3-17）是从福建霞浦发源的一种刺参养殖模式。筏架由木材或塑胶材料搭建而成，用木桩或者坠石固定，架上用竹竿吊养殖笼。养殖笼用鲍鱼笼，根据水深设置 4 ~ 6 层，每层高度约 13 cm。刺参在笼中养殖，一般投喂鱼糜和海带混合的人工饲料。

图3-17　福建刺参吊笼养殖

六、室内工厂化养殖

室内工厂化养殖是利用闲置的育苗室养殖成品参的模式。在这种养殖模式下，可以通过人工控温延长刺参生长时间，较池塘养殖可缩短养殖周期 10 个月以上，在山东省较常见。

第四章 刺参常见病害及防治

随着刺参养殖业的快速发展、刺参养殖面积的迅速扩张，以及粗放养殖方式下的不规范操作，刺参养殖过程中相继出现一系列病害问题，给刺参养殖业带来巨大的损失。目前，刺参常见病害包括育苗期的烂边病、烂胃病、胃萎缩病、化板病，以及育苗期和养成期均会发生的腐皮综合征（化皮病）、霉菌病、纤毛虫病等。

❀ 第一节　浮游幼体期病害及防治

一、烂边病

1. 症状和病原

烂边病（图4-1）在刺参耳状幼体各阶段都可能发生。显微镜下观察其症状主要表现为：幼体边缘突起处组织增生，颜色加深变黑，边缘变得模糊不清，逐步溃烂，最后整个幼体解体死亡。存活个体的发育迟缓、变态率低，即使能变态附板，1周左右也大多"化板"死亡。烂边病的主要原因通常是水质环境恶化，使机械损伤或受精卵发育不良的幼体后续感染细菌性病原。应通过保持良好的水质条件、改善换水操作方式预防。

2. 防治措施

在幼体培养期间，可通过投喂 EM 菌等益生菌抑制有害病原

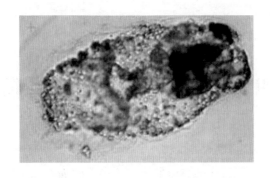

图 4-1　刺参耳状幼体烂边病

［资料来源：张春云，陈国福，徐仲，等. 仿刺参耳状幼体"烂边症"的病原及其来源分析［J］. 微生物学报，2010，50（5）：687-693.］

菌的繁殖。若镜检发现烂边病，可加大换水量，有条件的养殖场所可通过虹吸和拖网等方式及时倒池，因为改善培育条件可以有效控制病情。治疗时，可用氟苯尼考等按照 5 mg/L 每日施药 1 次，直至痊愈。

二、烂胃病

1. 症状和病原

烂胃病（图 4-2）主要发生在刺参大耳状幼体后期，幼体体长约 800 μm、幼体培育密度过大时，更易发病。显微镜下观察其症状主要表现为：幼体胃壁增厚粗糙，胃的周边界限变得模糊不清，继而萎缩变小、变形，严重时整个胃壁发生糜烂，最终可导致幼体死亡。烂胃病发病可由饵料品质不佳（如投喂老化、污染、沉淀变质的单胞藻饵料，或饵料营养单一）引起，幼体感染细菌性病原也可导致此病发生。可以通过改善水质环境和饵料条件缓解烂胃病。

2. 防治措施

投喂新鲜适口的饵料，满足幼体发育和生长的需要；适当加大换水量，投入益生菌等减少水体中病原菌数量。

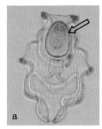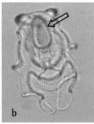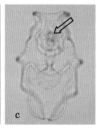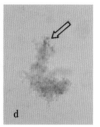

图 4-2　刺参耳状幼体烂胃病（a~d 箭头所指呈现幼体胃的变化）

三、胃萎缩病

1. 症状和病原

胃萎缩病（图 4-3）发生在中耳状和大耳状幼体期，通常在选育后 5~7 d 暴发。患病幼体的胃壁增厚、粗糙、胃逐渐萎缩变形，同时伴随摄食能力下降至不摄食，发育迟缓，从耳状幼体到樽形幼体变态率很低，甚至有幼体浮游 20 d 以上也不变态。与烂胃病比较，胃萎缩病无胃糜烂现象，有时通过调整饵料结构、改善环境，部分幼体已收缩的胃还可能逐渐恢复原状。采用电镜负染和超薄切片法，均在患胃萎缩病刺参幼体体内观察到球状病毒粒子，同时在发生幼体胃萎缩病育苗场亲参的性腺、体壁、肠和呼吸树器官组织中均检出与其后代健康幼体和发病幼体体内同样形状及大小的病毒。由此可推测，胃萎缩病的发生应与此种球状病毒有关，该病毒可能是由带毒的亲参通过垂直传播方式直接传染给后代。可见，使用不携带病毒的种参是预防胃萎缩病的根本措施。

2. 防治措施

对种参进行检疫，使用健康无毒的种参，防止病毒垂直传播；投喂新鲜饵料，加强水质管理，定期投放益生菌制剂调控水质。

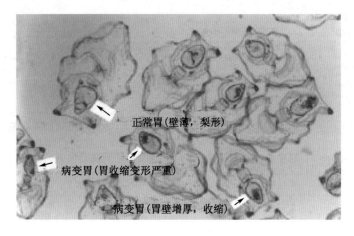

图4-3　刺参中耳状幼体胃萎缩病

❀ 第二节　稚参培育期病害及防治

一、化板病

1. 症状和病原

化板病（图4-4）多在樽形幼体向五触手幼体变态时和附着后10~20 d的稚参中发生，是刺参育苗期经常发生的一种危害严重的流行性疾病，传染性强、发病快，几天内死亡率可达100%。其发病症状主要表现为：稚参活力下降，不伸展、收缩成团，触手收缩，附着力减弱并逐渐失去而沉落池底（脱板）；或者溃烂解体，只余一堆骨片，在附着基上留下白色痕迹。在化板病稚参体内可观察到球状病毒的存在。刺参从浮游阶段变态成为附着状态生活时，若环境恶化，稚参栖息的空间受到污染，极易造成此病暴发。可见，使用不携带病毒种参，培育时及时净化底质，保持良好的生态环境，是预防化板病的重要措施。

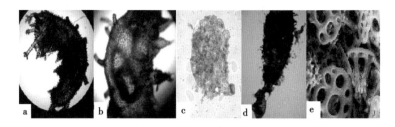

图 4-4 稚参化板病

a~d 显示病程；e 为化板后附着基上剩下的刺参骨片

[资料来源：孙素凤. 养殖刺参（*Apostichopus japonicus*）苗期细菌性疾病及其病原学初步研究 [D]. 青岛：中国海洋大学，2006.]

2. 防治措施

对种参进行检疫，防止病毒垂直传播；采用二次沙滤海水，并及时清除残饵，适时倒池，尽量减少养殖用水中病菌数量；重视投饵的质量和数量，通过消毒处理确保海泥和鼠尾藻粉等饵料不携带重要致病原；定时镜检，观察幼体摄食、活动及健康状况。发现病情，可在池中撒入氟苯尼考等，采用药浴和口服两种方式同时进行治疗。

二、细菌性溃烂病

1. 症状和病原

稚参培育阶段正值夏季高温季节，在培养密度过大的情况下，细菌性溃烂病发生率很高。尤其是 5 mm 以内的稚参，传染速度快，一经发生，便能在短期内使全池稚参覆灭。其发病症状主要表现为：致病微生物在附着板上快速繁殖，使附着板上出现蓝色、粉红色或紫红色的菌落；患病稚参的活力减弱，附着力也相应减弱，摄食能力下降，继而身体收缩，变成乳白色球状，并伴随局部组织溃烂，而后溃烂面积逐渐扩大，躯体大部分烂掉，骨片散落，最后整个参体解体而在附着基上只留下一个白色印痕。该病主要由细菌感染所致，具体菌种未见报道。凡有在上述菌落蔓延的附着板上，稚参很容易发生溃烂病，直至死亡解体。

2. 防治措施

在高温季节，采取降温措施使水温控制在 27 ℃以下；每隔 3~5 d 施用 1 次益生菌；发病后，全池泼撒抗生素类药物，一般在使用 2~3 d 后，能有效控制病情。

三、盾纤毛虫病

1. 症状和病原

夏季水温 20 ℃左右，刺参幼体刚附板后，易暴发此病。一般首先由细菌感染致使稚参活力减弱，然后纤毛虫攻击参体造成创口，继而侵入组织内部，在刺参体内大量繁殖，致使参苗解体死亡。该病感染率高、传染快，短时间内可造成稚参大规模死亡。

2. 防治措施

养殖用水应严格沙滤，进水口加 300 目棉网过滤；及时清除池底污物，勤刷附着基，适时倒池；饵料应经过药物处理后再投喂，杀灭饵料中的致病菌和纤毛虫等寄生虫；定期施用益生菌，增强刺参免疫力，防止细菌感染，以抵御纤毛虫的攻击。

✿ 第三节　幼参培育期病害及防治

一、皮肤溃烂病

1. 症状和病原

皮肤溃烂病［图 4-5（a）］于 2003 年在山东地区开始大面积发生，2004 年后在辽宁地区流行，严重时可致 50%~80% 的参苗死亡。发病刺参体表失去光泽，部分刺尖溃疡，或体背部出现大小不等的溃疡点，溃疡面逐步扩大，体表变白而失去体色，全身由乳白色至透明状，肠管清晰可见，最终溃烂成黏液状，呈鼻液状脱落。同时伴随不摄食、体软、失去附着能力及肠糜烂等症状。

在皮肤溃烂病病参体内观察到球状病毒，同时在不同地区发病刺参病灶处分离出优势菌［图4-5(b)和图4-5(c)］，皮肤溃烂病的暴发应是两病原合并感染的结果。

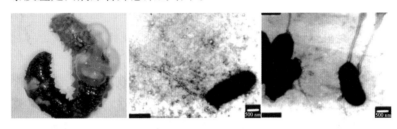

（a）患皮肤溃烂　　　（b）分离出的菌株　　　（c）分离出的杆状细菌04103,
　病幼参　　　　　　　　04101　　　　　　　　　具有附着性鞭毛虫

图4-5　幼参的皮肤溃烂病及患皮肤溃烂病刺参病灶处
分离出的2种细菌病原体的电镜照片

2. 防治措施

每隔2~3 d投放芽孢杆菌等益生菌制剂；发病时，拣出死亡和重度发病个体掩埋处理。轻度和中度发病个体，使用氟苯尼考或五倍子以药浴方式进行治疗，氟苯尼考用量20~50 mg/L，五倍子用量20~40 mg/L，每天1次，每次药浴10~15 min，连用3~4 d，用药剂量和药浴时间可根据刺参体重酌情加减；用药后将病参隔离观察培养，待其恢复健康后，正常养殖。

二、排脏综合征

1. 症状和病原

2004年12月，大连地区越冬参开始流行一种以肿嘴、排脏为主要症状的刺参排脏综合征，俗称吐肠子病［图4-6(a)］，50%以上刺参越冬场相继暴发该病。其特点是在越冬前期开始发病，持续时间长，流行性广；一般情况下，小个体刺参患病比大个体刺参严重，死亡率高；通常在连片越冬场相继暴发流行。病发初期，只是在换水时池底及网片上见到少量刺参排出的内脏，但很快排脏刺参明显增多；围口部突出、肿胀，口部溃烂，触手反应迟钝；参苗吐脏后，身体逐渐肿胀，然后皮肤开始迅速溃烂，最终呈黏液状，发病严重的不到 1 周死亡率能达 90% 以上。在患病刺参体内观察到大量的球状病毒［图 4-6(b) 和图 4-6(c)］，且病毒粒子的检出数量与发病程度成正比，推测病毒应是造成此病暴发的原因。

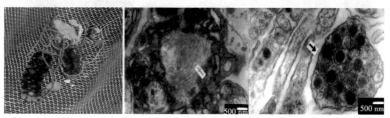

（a）排脏幼参　　　（b）受影响个体结缔　　（c）消化道表皮细胞中的
　　　　　　　　　　　　　组织中的细胞　　　　　病毒包涵体

图 4-6　排脏幼参及患病刺参超薄切片显示的受影响组织和球状病毒包涵体

2. 防治措施

排脏综合征病程很快，几乎没有有效的治疗方法，只能通过对种参进行检疫，防止病毒垂直传播，以及保持良好的养殖环境来防控。

❀ 第四节　越冬培育和池塘养成期病害及防治

一、腐皮综合征

1. 症状和病原

腐皮综合征在室内越冬参苗及池塘养殖参中都有发生，也称化皮病，是当前养殖刺参最常见的疾病，危害严重，每年冬季冰封至春季融冰期和夏季高温期是发病高峰。初期发病的刺参多有摇头现象，口部出现局部性感染，表现为触手黑浊，对外界刺激反应迟钝，口部肿胀、不能收缩与闭合，继而部分刺参会出现排脏现象；中期感染的刺参身体收缩、僵直，体色变暗，但肉刺变白、秃钝，口腹部先出现小面积溃疡，形成小的蓝白色斑点；感染末期病灶扩大、溃疡处增多，表皮大面积腐烂，最后导致死亡，溶化为鼻涕状的胶体。相关研究结果表明：腐皮综合征感染初期病灶部位以假单胞菌属的 *Pseudoalteromonas ifaciens* 和弧菌属的灿烂弧菌（*Vbrio splendidus*）为优势菌，感染后期，由于刺参表皮受细菌的侵袭腐蚀作用形成体表创伤面，易使霉菌和寄生虫富集及生长造成继发性感染，加快刺参的死亡速度。

2. 防治措施

对参苗进行健康检查，苗种投放密度适宜；选择体表无损伤、肉刺完整、身体自然伸展、活力好、摄食能力强的参苗；有条件者可采用显微观察和微生物分离等手段确认其健康程度；保持良好的水质和底质环境，通过肥水和换水控制等调整水质透明度和水色，定期施用益生菌及底质改良剂；高温、降雨、冰封和冰融期采取相应措施控制水温和盐度变化，加强日常管理，巡池观察刺参活动状态、体表变化、摄食与粪便情况、池底清洁状况；定时测量水质指标和生长速度，发现患病参后，及时拣出进行处理。

二、霉菌病

1. 症状和病原

每年4—8月为霉菌病的高发期，典型的外观症状为参体水肿或表皮腐烂。发生水肿的个体通体鼓胀，皮肤薄而透明，色素减褪，触摸参体有柔软的感觉。表皮发生腐烂的个体，棘刺尖处先发白，再以棘刺为中心开始溃烂，严重时棘刺烂掉成为白斑，继而感染面积扩大，表皮溃烂脱落，露出深层皮下组织而呈现蓝白色。虽然霉菌病一般不会导致刺参的大量死亡，但其感染造成的外部创伤会引起其他病原的继发性感染和外观品质下降。此病是由于过多有机物或大型藻类死亡沉积，致使大量霉菌生长，从而感染刺参。

2. 防治措施

防止投饵过多，保持池底和水质清洁；避免大型底栖藻类过度繁殖，及时清除沉落池底的藻类，防止池底环境恶化；采取清污和晒池措施，防止过多有机物累积。

三、扁形动物病

1. 症状和病原

每年1—3月养殖水体温度较低（8 ℃以下），是扁形动物病高发峰，扁虫（图4-7）细长，呈线状，长度不等，形体具有多态性。越冬培育期和成参养殖期均有发现，刺参死亡率较高。水温上升到14 ℃以上时，病情减轻或消失。发病症状与腐皮综合征的症状类似。病参腹部和背部多有溃烂斑块，严重的甚至整块组织烂掉，露出深层组织。大量的扁虫寄生在皮下组织内，造成组织溃烂和损伤。越冬感染的幼参附着力下降，多从附着基滑落池底。解剖后发现患病个体多数已经排脏，丧失摄食能力。扁虫多在细菌感染后的病参体上存在，会加剧刺参的病情。因此，也可认为扁虫是刺参腐皮综合征的致病原之一，属继发性感染。

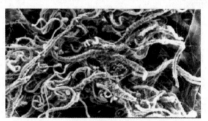

图4-7 刺参扁虫的电镜照片

［资料来源：方波. 养殖刺参（*Apostichopus japonicus*）"腐皮综合征"病原学及其感染源的研究 ［D］. 青岛：中国海洋大学，2006.］

2. 防治措施

在工厂化苗种培育或成参养殖情况下，养殖用水经沙滤和300目网滤处理；每隔2 d向养殖池塘投放芽孢杆菌等生物制剂。其他治疗处置措施与皮肤溃烂病相同。

四、纤毛虫病

1. 症状和病原

纤毛虫病是对刺参危害严重的寄生虫病。辽宁地区刺参养成阶段感染的纤毛虫主要是具唇后口虫，在每年的秋冬季节发生率较高，患病刺参的死亡率较低。患病个体外观正常，严重时导致刺参排脏，排脏后丧失摄食能力，参体消瘦，活力减弱，容易由其他病原引起继发性感染。经显微镜镜检和组织病理分析发现：该纤毛虫主要寄生于刺参呼吸树，在呼吸树囊膜内外均有大量的虫体寄生。寄生虫的头部能钻入呼吸树组织内，造成组织损伤和溃烂。图4-8所示为病参呼吸树中大量寄生的后口虫。

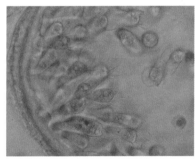 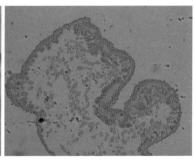

（a）显微镜观察 　　　　（b）组织切片观察

图4-8　病参呼吸树中大量寄生的后口虫

2. 防治措施

定期施用益生菌，增强刺参免疫力，防止细菌感染，以抵御后口虫的攻击。其他治疗处置措施与皮肤溃烂病相同。

❀ 第五节　刺参养殖常见敌害及防治

一、桡足类

桡足类中，猛水蚤（图4-9）是刺参育苗期间的主要敌害，其生长繁殖的适宜温度和参苗培育水温一致，在短时间内可大量繁殖。大量的猛水蚤不仅与刺参幼体争夺饵料和生存空间，还能直接啄伤刺参的体表，易造成继发性感染和溃疡，最终导致幼体破碎、骨片脱落而解体死亡。猛水蚤大量繁殖时，稚参在短时间内数量会剧减，尤其是体长 0.2~0.5 mm 的稚参，死亡率较高。

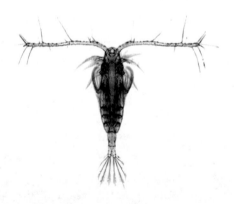

图4-9　猛水蚤

主要防治措施是：采用二级沙滤的方法严格过滤养殖用水；用敌百虫消毒饵料后再投喂；如果发现池水中有较多桡足类，可用抗药性小的中草药杀虫剂，12 h 后全池换水；也可用 $3×10^{-6}$ ~ $5×10^{-6}$ 的敌百虫进行泼洒，一般在 4 h 内即可全部杀死桡足类，而对刺参不产生毒害。

二、麦秆虫

麦秆虫俗称"海螳螂""骨虾",广泛生存在浅海沿岸,常栖息于养殖筏架、网箱、浮标等水下养殖设施上及海藻间。麦秆虫在春、夏和秋季出现较多。麦秆虫能钩附在刺参体表,形成伤口,引起继发性感染和溃疡性斑点,导致刺参个体死亡。麦秆虫的防控措施同桡足类。

三、玻璃海鞘

常见的海鞘中玻璃海鞘(图4-10)对刺参有较大的敌害作用。8月是海鞘繁殖的高峰期,其大量繁殖不仅会与刺参争夺生活空间和饵料,还会大量消耗溶解氧,同时向水中排泄代谢物,抑制刺参生长。其在稚参培育后期、幼参和网箱培育苗种过程中多有发生。长期不倒池,易使海鞘在池壁或附着基上生长。

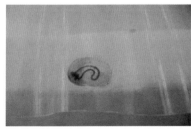 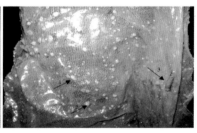

(a) 波纹板附着基上的单个玻璃海鞘　　(b) 网片附着基上丛生的玻璃海鞘

图4-10　刺参波纹板和网片附着基上的玻璃海鞘

目前,对玻璃海鞘尚无有效的药物清除方法,可通过对养殖用水严格沙滤,避免海鞘进入养殖系统;勤倒池,减少海鞘的繁生;如果发现养殖系统中有海鞘附着,必要时,需通过人工清除。

第五章 刺参养殖用益生菌培养及应用

❀ 第一节 概述

一、益生菌的定义及其发展

益生菌（probiotics）一词源自希腊语，其中"pro"表示"有益于"，"biotics"表示"生命"，故在字面上，该词可解释为"有益于生命"。

早在 1965 年，权威学术期刊《科学》上刊登了一篇由里尔和斯第威尔所撰写的题为《益生菌——由微生物产生的成长促进因素》的文章，"probiotic"一词最先被这两位科学家作为"antibiotic（抗生素）"的反义词使用，当时仅用作描述那些能够支持微生物生长的物质。1974 年，帕克提出益生菌的概念，并用于饲料添加剂，这时益生菌这个术语才真正开始被使用，并被描述为"有益健康且自然存在的微生物"。直到 1987 年，被称为"当代益生菌之父"的英国学者罗伊·福勒才给出了益生菌较完整的补充定义："通过改进宿主动物的肠道微生物菌群平衡从而对宿主动物产生有益效果。"该定义强调了益生菌是活的微生物，不包括死菌和代谢产物，被广泛接受。

2001年，世界粮农组织（FAO）和世界卫生组织（WHO）的专家联合给出了益生菌的如下定义："益生菌是活的微生物，当摄入充足数量时，它会赋予宿主某种健康益处。"2002年，欧洲食品和饲料菌种协会（EFFCA）给出益生菌如下修正的参考定义："益生菌是活的微生物，通过给予（摄入）充足的数量，对宿主产生一种或多种特殊且经临床论证的功能性健康益处。"该定义包含三个核心要点：其一，益生菌必须是活的；其二，益生菌的数目是充足的，目前公认的科研证实，每日摄入1亿~100亿个或以上数量的活性益生菌，才可能对人体产生积极的健康功效（不同益生菌株的作用剂量有明显的差异）；其三，益生菌的功效和益处必须是经临床证实的。

近年来，还有一个暂被称作生物治疗剂（biotherapeutlc agents，BTAs）的概念，常和益生菌这个术语平行或等同使用。它通常被定义为："通过与宿主的天然微生态系统相互作用，且可被用作防护和治疗人类疾病的一类活的微生物。"生物治疗剂所包含的微生物种类有乳杆菌、双歧杆菌、肠球菌、链球菌、乳酸乳球菌和酵母等。

二、刺参养殖生产中采用益生菌的主要种类

刺参养殖生产中可用的益生菌种类有很多，如光合细菌、乳酸菌、芽孢杆菌、酵母菌、放线菌、霉菌、EM菌群等。

1. 光合细菌

光合细菌（photosynthetic bacteria，PSB）是一类能够在无氧条件下进行光合作用的原核微生物的总称。光合细菌均为革兰氏阴性菌，不形成芽孢，靠鞭毛运动。细胞可分为球形、半环形、杆形、螺旋形等多种状态。以光作为能源，能在厌氧光照或者好氧黑暗条件下，利用自然界中的有机物、硫化物、氨等作为供氢

体兼碳源进行光合作用。根据体内含有的菌绿素和类胡萝卜素在种类和数量上的不同，会呈现出多种不同的颜色。在微生物分类上，光合细菌被分为外硫红螺菌科（ectothiorhodospiraceae）、着色杆菌科（chromatiaceae）、紫色非硫细菌（purple nonsulfur bacteria）、绿硫细菌（green sulfur baeteria）、螺旋菌科（spirllaceae）、多细胞丝状绿细菌（multicellular filalmentous green bacteria）、含叶绿素的转性好氧细菌（aerobic bacteriochlorophyll-containing bacteria）7个群类，共计28个属108个种。

光合细菌菌体内富含蛋白质、类胡萝卜素、辅酶Q10、叶酸及多种维生素。它以土壤或水中吸收的光和热为能源，分解其中的有机物、硫化氢、氨氮等物质，并以代谢产物为基质，合成糖类、氨基酸类、维生素类、氮素化合物、抗病毒物质和促生长因子等，能变有害物质为无害物质，生长过程中代谢物质既可以被植物直接吸收，也可以成为其他微生物繁殖的养分，菌体本身亦可成为水生动物的饵料，是肥沃土壤和促进动植物生长的主要力量。其在自然系统生态链上是不可缺少的一环。

2. 乳酸菌

乳酸菌（lactobacillus）是能发酵糖类大量产生乳酸的一类无芽孢、革兰氏阳性细菌的统称，它广泛存在于自然界中，在植物、动物和人体内均有检出。其生长过程中不形成芽孢，大多数不运动，少数以鞭毛运动，耐酸、不耐高温，厌氧或兼性厌氧。其细胞形态特征分为球状或杆状。其中，球状菌体通常成对或成链出现；杆状菌体单个或成链出现，有时呈丝状，产生假分支。根据《伯杰氏系统细菌学手册》，乳酸菌被分为热孢菌门（Thermotagac）、硬壁菌门（Firmicutes）、放线菌门（Actinobacteria）、拟杆菌门（Bactero）、梭杆菌门（Fusoacteria）5个门，共计43个属。

乳酸菌发酵产生的乳酸具有很强的杀菌能力，能有效抑制有害微生物的活动和有机物的急剧腐败分解，且能够分解在常态下不易被分解的木质素和纤维素，并使有机物发酵分解，还能够抑制连作障碍产生的致病菌增殖。作为一种常见的益生菌，乳酸菌不仅可以改变食物性状，延长保存时间，也可以作为保健食品或药品，改善人或动物的健康状况。

3. 芽孢杆菌

芽孢杆菌是一类好氧的革兰氏阳性细菌。菌体呈杆状或椭圆状，周生鞭毛，能运动。在一定条件下可形成内生抗逆芽孢，芽孢呈椭圆形或柱形，位于菌体中央或稍偏，形成芽孢后菌体不膨大。培养的芽孢杆菌菌落通常边缘不整齐，常呈现波浪线或锯齿形，表面粗糙，有环状或放射状褶皱。在微生物分类上，芽孢杆菌被分为 4 个科 22 个属。

芽孢杆菌可以生产蛋白酶、脂肪酶、纤维素酶等多种消化酶，还可以合成维生素、叶酸、烟酸等多种营养物质，能够促进肠道吸收，提高机体免疫力。芽孢杆菌可以分解动物体内或环境内的硫化物、氨氮等有害物质，分泌抗菌物质或通过拮抗作用抑制病原微生物生长，具有减少疾病发生、净化养殖环境的功效。同时，芽孢杆菌在一定条件下能够产生芽孢，对高温、干燥、化学药品具有很强的抗逆性。诸多特点使得芽孢杆菌在饲料加工、动物养殖、环保医药等领域有着广泛应用。

4. 酵母菌

酵母菌是一类单细胞真核微生物的俗称。相较于细菌来说，是比较高等级的微生物，有着更为复杂的细胞结构。它具有细胞壁、细胞膜、液泡、线粒体等细胞器，细胞核也出现了核膜和核仁的分化。酵母菌细胞通常呈卵圆形、圆形或圆柱形，繁殖方式包括以芽殖和裂殖为主的无性繁殖和通过形成子囊孢子的有性繁殖。培养的酵母菌落通常湿润、光滑，触感较为黏稠，易挑取。菌落不透明，多数酵母菌属的菌落呈白色，红酵母菌属的菌落呈红色。常见的酵母包括酵母菌属（*Saccharomyces*）、裂殖酵母属（*Schizosaccharmyces*）、汉逊酵母属（*Hansenula*）、毕赤酵母属（*Pichia*）、假丝酵母属（*Candida*）、球拟酵母属（*Torulopsis*）和红酵母属（*Rhodotorula*）等。

酵母菌营养丰富、功能多样，与人类生活关系密切，在食品工业上，既可以生产面包、酸奶等食品，又可以酿造红酒、啤酒等饮品，作用十分重要。在饲料工业中，因酵母菌及其代谢产物中富含蛋白质、必需氨基酸、维生素及其他营养因子，常被作为高效饲料添加剂或其他蛋白质来源的有益补充应用到饲料中，在改善养殖动物的营养和健康水平方面效果显著。

5. 放线菌

放线菌为革兰氏阳性菌，因菌落多呈放射状而得名，是真菌的一大群类。其菌落由菌丝体组成，外观呈圆形，边缘多褶皱，菌落与培养基结合紧密，不易挑取。放线菌的繁殖主要以形成分生孢子进行繁殖，也可利用菌丝片段繁殖。常见的放线菌有链霉菌属（*Streptomyces*）、放线菌属（*Actinomyces*）、诺卡菌属（*Nocardia*）等。

由于目前应用的抗生素多数都是放线菌的代谢产物，因此使用放线菌可直接抑制病原菌，为其他有益微生物增殖创造生存环境。放线菌是腐生菌，对难分解的木质素、纤维素、甲壳素等具有降解作用，容易被动植物吸收，可增强动植物对各种病害的抵抗力和免疫力。

6. 霉菌

霉菌是一类有菌丝体、能产生孢子的异养真菌的统称，它可以使有机物发生霉变。培养的霉菌菌落松散，呈绒毛状、蛛网状、絮状。霉菌可通过菌丝顶端的分生孢子进行无性繁殖，也可以通过形成子囊孢子进行有性繁殖。常见的霉菌有青霉属（*Penicillium*）、曲霉属（*Aspcrgillus*）、木霉属（*Trichoderma*）等。

传统制酱、酿酒、制作副食品均需要用到霉菌。在饲料工业中，木霉可以分泌纤维素酶、半纤维素酶、果胶酶等，能够分解植物性饲料中的抗营养因子，提高饲料的利用效率，改善动物的营养状况。

7. EM 菌群

根据刺参养殖生产的实际情况，在益生菌的使用上，可以选用单一菌种或多个类型的菌种复配。单一菌种称为单一菌制剂，最常用的有光合细菌、芽孢杆菌、乳酸菌、酵母菌等；多菌种称为复合菌制剂，除上述菌种，还有放线菌和醋酸杆菌等，通过不同菌种以不同数量和比例配伍而成，目前应用生产企业把这种复合菌制剂统称为 EM 菌（effective microorganisms）。

EM 菌最早由日本琉球大学比嘉照夫教授发现，并于 1983 年培育成功。其后，友田博士采用独特的工艺，将筛选的好氧和厌氧性有益微生物以适当比例加以混合培养发酵形成活菌制剂，是以光合菌群、乳酸菌群、酵母菌群、革兰氏阳性放线菌群和发酵系的丝状菌群等 5 大类 10 属 80 余种微生物组成的复合菌剂。在我国，大连海洋大学的桂远明教授于 20 世纪 90 年代采用不同种类的微生物和生产工艺，研发出取名"微生态制剂"的复合益生菌制剂产品，其后，许多科研院所、生产企业陆续研发各种复合微生物制剂产品并推向市场，目前人们也都称作 EM 菌，但是不同的产品功效各有不同，不可以一概而论。

EM 菌中各类微生物都各自发挥着重要作用，其核心作用发挥以光合细菌和嗜酸性乳杆菌为主导，以其合成能力支撑着其他微生物的活动，同时利用其他微生物产生的物质，形成共生共荣的关系，保证 EM 菌状态稳定、功能齐全。EM 菌的主要功能是造就良性生态，只要施用恰当，它就会与所到之处的良性力量迅速结合，产生抗氧化物质，清除氧化物质，消除腐败，抑制病原菌，形成适于动植物生长的良好环境。同时它会产生大量的易为动植物吸收的有益物质，如氨基酸、有机酸、多糖类、促生长因子、抗生素和抗病毒物质、各种维生素和生化酶等，能够提高动植物的免疫功能，促进动植物健康生长。

三、益生菌在刺参养殖中的作用及相互关系

益生菌既是微生态循环的积极参与者，也是刺参重要的饵料之一。在自然环境中，刺参的分布与细菌种群的分布和变动密切相关。有关研究结果指出，细菌在刺参食物链中占有重要的地位，认为细菌种群的大小是影响刺参在自然海区分布的重要因子，细菌在无机物转化为刺参能吸收的有机物过程中，起着重要作用。

自然界中不同微生物之间存在着中性共生、同住、互惠共生、共生、竞争、拮抗、寄生等作用中的一种或者几种关系。

1. 中性共生

中性共生是指两种或两种以上的微生物同时存在于同一种环境中，但是它们之间没有直接的生态关系，各自生活，互不干扰。这种现象很普遍，如淡水中生长的衣藻和水生细菌。

2. 同住

同住是指两种微生物同处在一个栖所内，其中一个获益，另一个不受影响。常见的现象是一种微生物产生一种代谢物供给另一种微生物作为营养物质，或者产生适合于另外一种微生物生长的环境。

3. 互惠共生

互惠共生是两种微生物互惠互利的现象，能够互相为对方提

供必需的限制性营养物质。这种现象在自然界中是普遍存在的，但目前在刺参养殖中发现的例子还极少，刺参养殖中应该多考虑这种组合优势。

4. 共生

共生是指两种微生物在同一种严酷环境中相依为命。这种现象在刺参养殖中很难遇到，在其他行业中也少有实用的例子。

5. 竞争

竞争是指当两种微生物对某种环境因子有相同要求时，就会发生生存竞争。由于微生物的世代时间比较短，代谢强度大，因此生存竞争往往表现得很激烈。在一种生存环境内，不同的时间将会出现不同的优势种。这种优势微生物在某种环境下能有效地适应当时的环境，而环境条件一旦改变，就可能被另一种微生物代替并发育成新的优势种。

6. 拮抗

拮抗是指一种微生物可以产生不利于另外一种微生物生存的代谢物质，或者通过代谢活动改变生存环境，而这种环境不利于其他周围微生物的生长。例如，当刺参发酵饲料接种的乳酸菌和醋酸菌在发酵过程中不断降低 pH 值时，会导致绝大多数不耐酸的微生物无法生存，甚至趋向死亡。辽宁省海洋水产科学研究院分离纯化的芽孢杆菌能分泌抑制弧菌等的抗菌肽，但对自身及酵母菌、乳酸菌的生长代谢基本没有影响。这种拮抗具有明显的选择性，也是生产和研究所需要的。

7. 寄生

寄生是指一种微生物生活在另一种微生物体内或体外，依靠摄取寄生细胞的营养进行生长繁殖，并使后者遭受损害，甚至死亡。这种现象目前在刺参养殖中可能存在，但是研究中还没有遇到。

四、益生菌制剂的作用机制

研制益生菌制剂以动物微生物学（包括微生态平衡理论、微生态失调理论、微生态营养理论和微生态防治理论等）为理论依据。

1. 优势种群机制

刺参肠道内有一定数量的处于动态平衡的微生物种群，这些菌群自刺参出生后就生活在其肠道内。通常情况下，肠道的有益菌和致病菌保持一定的比例，当条件改变时，这种平衡失调，致病菌大量繁殖，从而导致患病。相关研究结果显示，益生菌能有秩序地定植于黏膜、皮肤等表面或细胞之间而形成生物屏障，这些屏障可以阻止病原微生物的定植，发挥占位、争夺营养、互利共生或拮抗作用。

2. 生物夺氧机制

刺参肠道内的有益菌为厌氧菌，若氧气含量升高，则引起需氧菌和兼性厌氧菌的大量繁殖，不利于维持微生态平衡。一些需氧微生态制剂（如芽孢杆菌等）进入刺参肠道后，在生长繁殖过程中，可大量消耗过量的氧气，通过"生物夺氧"造成厌氧环境，使需氧型致病菌大幅度下降，有利于厌氧菌的生长而形成优势，从而恢复微生态平衡，起到防止刺参患病的作用。

3. 生物拮抗机制

生物拮抗是指利用微生态制剂，建立机体内正常的微生态平衡，形成有益菌群的优势，竞争性地排斥体内病原菌。微生态制剂中的有益微生物可竞争性地抑制病原微生物黏附到肠细胞壁上，同病原微生物争夺有限的营养物质和生态位点，并将其驱逐出定植地点。

4. 增强免疫能力机制

增强刺参免疫能力是益生菌的重要作用之一，微生态制剂可作为外源抗原或辅剂发挥机体免疫作用。益生菌能刺激刺参产生干扰素，提高免疫球蛋白浓度和活性，提升吞噬细胞的吞噬能力，增强机体体液免疫和细胞免疫功能，防止疾病的发生。

5. 改善机体内环境机制

相关研究结果表明，动物自身及许多致病菌都会产生各种有毒物质，如氨、细菌素、氧自由基等代谢产物。微生态制剂可显著降低大肠杆菌、沙门氏菌的数量，抑制病原菌，从而恢复微生态平衡。有些益生菌可以阻止毒性胺和氨的合成或把它们分解中和，从而避免这些有害物质对动物机体组织细胞的损害。一些好氧菌通过产生超氧化物歧化酶帮助消除氧自由基，减少或消除氧自由基对细胞或细胞器膜质结构的损害。乳酸菌能够产生有机酸和抗菌物质，降低肠道内 pH 值和氧化还原电位，有利于宿主的正常生理活动。

6. 产生有益物质

微生态制剂能够在动物体内产生各种消化酶，合成 B 族维生素、维生素 K 等动物所必需的营养物质，同时能促进动物体对肠道内容物中钙、镁等营养物质的吸收。

在刺参育苗实践中应用的微生态制剂（如芽孢杆菌制剂、蛭弧菌制剂、酵母制剂、低聚糖类制剂等），既发挥了净化水质、防治疾病、促进生长发育的作用，也发挥了生态营养的作用。

🌸 第二节　刺参常用益生菌扩培技术

一、光合细菌扩培

目前，在刺参养殖上应用的光合细菌，主要是光能异养型红螺菌科，特别是其中的红假单胞菌属（*Rhodopseudomonas*）的种类，典型的菌种为沼泽红假单胞菌（*Rhodopseudomonas palustris*）。这类光合细菌在不同的环境条件下，能分别以光能自养或光能异养的代谢方式，获得能量而迅速增殖，进而有效地分解水中的有机物，减少污水中的生物化学需氧量，在净化水质、预防疾病和促进刺参生长等方面效果明显。

1. 菌种分离纯化

光合细菌所需的生长条件，除了光照、温度，还有水、有机质（包括灰分在内）和一定程度的厌氧环境。红螺菌科细菌能以有机物作为光合作用的供氢体和碳源，因此自然界中被有机物污染的地方，往往是采集光合细菌种的最佳地方。例如，河底、湖底、海底、水田、沟渠、污水滩等经常有含有机物污水进入的地方的泥土，或者豆制品厂、淀粉厂、食品工业等废水排水沟处等有呈现橙黄色、粉红色的块状沉积物的泥土。

样品采集时，在浅水处用杯舀取少量泥土，连水放入广口瓶内带回；深水处则采用采水器和采泥器取样。样品采回后，用适当的方法先进行富集培养再分离，就可能获得光合细菌的纯培养物种。

富集培养是光合细菌分离成功的关键。首先，选择适当的富集和分离的培养基，提供符合光合细菌生长需要的厌氧环境和适宜的温度与光照条件。其次，将采回的样品装入有塞子的磨口玻璃瓶内，再倒入配制好的培养液，充分搅拌。为造成厌氧环境、隔断空气，把培养液加满到瓶口，盖上瓶盖，让多余的培养液溢出，使瓶内无气泡，同时瓶盖外再用塑料薄膜裹住，并用橡皮圈扎紧，以减少水分蒸发。最后，当富集培养初步获得成功时，可用吸管插入菌液中或光合细菌大量生长的泥层里，吸取菌液转接到具有塞子磨口瓶，加入培养液，继续进行光照、厌氧培养。经过反复多次，当光合细菌压倒其他杂菌而占绝对优势，培养液呈深红色时，可确认富集培养成功。

富集培养成功后，可进行分离培养。配制固体培养基，高压灭菌后，制备平板。将富集培养成功的菌液适当稀释，在平板上作涂布或划线处理，然后置于干燥器中，在适合的光照条件下进行培养。在干燥器底部可放置厌氧产气包，用于创造厌氧环境。

应该注意的是，光合细菌富集培养与分离培养的温度虽然都需要在25~35 ℃条件下，但是光照度条件却不同，前者需要5000~10000 lx，后者需要2000~3000 lx。另外，利用光合细菌不同种类的某些特殊性状，从富集培养起，就给予特定的条件，进行选择性培养，有可能分离得到预期的特定菌种。

2. 培育技术

（1）培养条件

① 营养条件。光合细菌细胞体构成元素主要有碳、氮、氢、氧、磷、钾、钠、镁、钙、硫和一些微量元素等，它们也是所有生物细胞构成的主要物质。

光合细菌的细胞壁具有半透性，能选择性地让一些营养元素按照一定比例，在酶作用下，合成自己的细胞组织和繁殖新的个体。

营养元素全面和搭配合理是营养条件的关键。根据这一要求，人们研究出多种培养基配方。以下是具有代表性的光合细菌培养基配方。

❖红螺菌科用配方:

NH_4Cl	1.0 g	NaCl	0.5~2.0 g
$NaHCO_3$	1.0 g	*T. m. 储液	10 mL
K_2HPO_4	0.2 g	*生长辅助因子储液	1 mL
CH_3COONa	1.0~1.5 g	蒸馏水	1000 mL
$MgSO_4 \cdot 7H_2O$	0.2 g	pH 值	7.0

❖着色菌科用配方:

NH_4Cl	1.0 g	$MgCl_2$	0.2 g
$NaHCO_3$	1.0 g	*T. m. 储液	10 mL
K_2HPO_4	0.5 g	蒸馏水	1000 mL
Na_2S	1.0 g	pH 值	8.0~8.5

❖绿杆菌科用配方:

NH_4Cl	1.0 g	$MgCl_2$	0.2 g
$NaHCO_3$	1.0 g	*T. m. 储液	10 mL
K_2HPO_4	0.5 g	蒸馏水	1000 mL
$Na_2S \cdot 9H_2O$	1.0 g	pH 值	7.3

*T. m. 储液:$FeCl_3$ 5 mg,$CuSO_4 \cdot 5H_2O$ 0.05 mg,H_3BO_3 1 mg,$MnCl_2 \cdot 5H_2O$ 0.05 mg,$ZnSO_4 \cdot 7H_2O$ 1 mg,$CO(NO_3)_2 \cdot 6H_2O$ 0.5 mg,蒸馏水 1000 mL,过滤除菌。

*生长辅助因子储液:维生素 B_1、烟酸、P-胺基苯甲酸,根据需要添加数毫克到数十毫克。

规模化扩大培养光合细菌时,可以采用表 5-1 的培养基配方。

表 5-1 1 t 光合菌液用培养基配方

培养基原料名称（分析纯）	数量
磷酸氢二钾（K_2HPO_4）	500 g
磷酸二氢钾（KH_2PO_4）	500 g
硫酸镁（$MgSO_4 \cdot 7H_2O$）	500 g
硫酸铵［（NH_4）$_2SO_4$］	1000 g
碳酸氢钠（$NaHCO_3$）	500 g
氯化钠（NaCl）	1000 g
氯化铵（NH_4Cl）	1000 g
乙酸钠（CH_3COONa）	2000 g
酵母浸出汁（或酵母膏）	2000 g
消毒海水（蒸馏水、纯净水）	1000 L

② 环境条件。有了营养全面的光合细菌培养基，仅仅是内因条件，不能培养出光合细菌液，还需要有适宜光合细菌生长的环境条件，才能培养出优质的菌液。

培养介质：含菌量较低的清洁海水。从经济、实用的角度考虑，地下海水含菌量低，为最佳水源；清洁的地表水源也可以使用；含氯量较高的海水需要调 pH 值至偏碱性后使用；蒸馏水和纯净水固然很好，但成本太高，可用于提纯菌种。

适宜 pH 值：7.5~8.5。

适宜温度：25~35 ℃。

适宜光照度：2000~4000 lx。

透气性：密封、敞口皆可培养，密封培养效果更好。

容器：透明或半透明的密闭容器，大规模生产可以用土池、水泥池等，菌液培养水深 30 cm 以上。

图 5-1 所示为光合细菌培养。

图 5-1　光合细菌培养

（2）培养方法与问题处理

容器和培养用水需消毒处理后使用。培养用水可提前经过沉淀和沙滤，再用质量分数为 8%～10% 的次氯酸钠消毒处理。每吨海水或淡水加入 500～800 mL 次氯酸钠溶液，处理 24 h 后，以适量的硫代硫酸钠中和并曝气，利用淀粉碘化钾溶液测试有无余氯。

培养基配方要根据培养的具体种类相应选择。培养基配制时，应根据配方所列物质严格称量，逐一溶解后混合。

扩大培养时的接种量是很重要的一个环节。接种量过小，光合细菌很难快速生长；接种量过大，生产成本较高。适合的接种量一般为体积比的 10%～30%，不应低于 10%。

培养光合细菌需要连续进行照明，在日常管理工作中，应该根据要求经常调节光照度，虽然最佳光照度为 2000～4000 lx，但是在扩大生产过程中，当光合细菌繁殖速度快、菌细胞密度高，或连续阴天光照不足时，需开启白炽灯进行补光操作。白炽灯可以发出有利于光合细菌体内类胡萝卜素吸收短波光（450～550 nm），有利于菌株生长。当温度偏低时，可以利用白炽灯与其他取暖设施搭配提高温度；当温度过高时，须开窗通风或用调温设备降温。

pH 值的调节也很重要，一般培养一段时间后，在光合细菌密度加大的同时，pH 值会升高，pH 值达到 9 以上会使生长受阻。此时应采收或转接继续扩大培养，否则会降低光合细菌的产量。一般常用加醋酸的办法降低菌液的 pH 值。

二、乳酸菌扩培

刺参养殖中应用的乳酸菌种类繁多，主要包括乳酸乳杆菌（*L. lactis*）、嗜酸乳杆菌（*L. acidophilus*）、植物乳杆菌（*L. plantarum*）、嗜热链球菌（*S. thermophilus*）、粪链球菌（*S. faecalis*）、两歧双歧杆菌（*B. bifidum*）和青春双歧杆菌（*B. adolescentis*）等，在实际生产中，既可选择单一菌种使用，也可几种类型的乳酸菌复配使用。相关研究结果表明，乳酸菌在降低刺参体内病原体数量和改善肠道疾病方面具有一定的功效，它可以抑制革兰氏阴性致病菌，增强刺参的抗感染能力，提高机体的肠黏膜免疫调节活性，促进刺参生长。乳酸菌的活力强弱受环境条件（如密度、培养方法、温度、种类等）限制，只有具备数量多、活力强等条件，其才能发挥生物功效。

1. 菌种分离纯化

乳酸菌是饲料发酵生产的主要菌种之一。筛选刺参发酵饲料生产用的乳酸菌菌种，其主体应该来源于刺参消化道的固有菌种。一般筛选的目标乳酸菌都是厌氧菌。为了确保乳酸菌的活力，从刺参肠道或者其环境中提取的乳酸菌样品应迅速保存在无菌生理盐水中。这就需要尽可能降低生理盐水的氧化还原电位，常用的方法是在溶液中加入适量的半胱氨酸，消除溶液中残余的氧。在筛选纯化前，为了提高样品中乳酸菌的含量和筛选成功的概率，可以用目标菌培养基先进行富集培养，以增加目标乳酸菌的含量。

乳酸菌分离培养基通常采用 MRS 琼脂培养基：蛋白胨 5.0 g/L，牛肉浸膏 4.0 g/L，酵母膏 2.0 g/L，葡萄糖 12.0 g/L，玉米浆 10.0 g/L，吐温 80 mL，磷酸氢二钾 1.0 g/L，三水乙酸钠 3.0 g/L，柠檬酸三铵 1.0 g/L，硫酸镁 0.1 g/L，硫酸锰 0.03 g/L，琼脂 18.0 g/L；pH 值为 6.2±0.2。

将上述组分备好后加热溶解，配制成均匀的溶液，分装在厌氧滚管中（每个滚管中加 5~6 mL）。115 ℃ 消毒杀菌 30 min。冷却至 50 ℃ 左右后，在冰水中滚动滚管，使固体培养基均匀凝固在管壁上。制备好分离纯化培养基后，在超净工作台上，对富集培养的样品用无菌生理盐水进行梯度稀释，把稀释后的样品接种到厌氧滚管中，密封，在 30~32 ℃ 条件下培养 24~48 h。如果 48 h 以后出现的菌落不理想，可以再延长培养时间或者多做几个稀释梯度样品的培养。

2. 扩培技术

乳酸菌扩大培养可根据自身的生产条件和需要来确定。既可以利用小型、能够严格密封的容器三角烧瓶、塑料桶等进行乳酸菌简易小型扩培生产，也可以利用发酵罐等大型设备进行规模化生产。其生产工艺流程如下：原料配制→培养液、发酵罐或发酵容器消毒灭菌→冷却→接种→发酵→灌装→使用或储存。

乳酸菌生产有以下 4 个关键技术环节。

（1）杀菌和冷却

乳酸菌培养液生产前必须进行杀菌（水和营养盐），一般采用热处理方法，不仅可杀灭培养液中的致病菌和有害微生物，而且有利于乳酸菌发酵。小规模生产可以采取人工烧水处理；规模化发酵罐生产一般采用（92±1）℃/（6±1）min 的管式或者板片杀菌机，这样能够达到培养液灭菌效果。培养液经过热处理后，须及时通过管式或板式冷却器进行冷却，并把处理好的培养液抽至发酵罐中备用。乳酸菌种的最适宜生长温度因其种类不同而有很大的差别。例如，嗜热链球菌的最适宜生长温度在40 ℃ 以下，而保加利亚乳杆菌的最适宜生长温度高于 45 ℃。当采取混菌发酵时，温度对杆菌和球菌之间的比例有明显的影响。就上述两种菌种混合发酵而言，采用 42~43 ℃ 的温度时，两种菌的共生稳定，发酵前期是保加利亚乳杆菌占优势，发酵后期是嗜热链球菌占优势，因此培养温度过高或者过低均可破坏两种菌的共生关系，使两菌之间的比例很快发生变化，直接影响乳酸菌的质量。

（2）发酵时间

若发酵时间过短，则菌种数量少；若发酵时间过长，则菌种易老化。因此，在发酵过程中，要控制好发酵终点。发酵终点的判定一般是每隔一定时间进行抽样检测，酸度达到 70 °T 时即可认为达到，或者做好生产记录，通过在同等条件下参考以前的生产经验，控制发酵时间。

（3）控制合适的接种量

接种量过大，会产酸过快，影响最终菌量；接种量过少，会使乳酸菌发酵速度过慢，容易造成杂菌污染。因此，在实际生产中，要根据菌种的特性，先试验发酵菌种的用量。在接种前，需要对菌种进行活化，可用一部分处理好的培养液接种乳酸菌种，待菌种溶液均匀后，再倒入发酵罐中，对培养液中菌种液搅拌均匀，可以缩短培养液接种后的搅拌时间，降低搅拌时杂菌的污染程度。

（4）水处理

水处理是乳酸菌生产的重要环节之一。水的硬度过高，容易产生碳酸钙或者有机酸钙沉淀，会影响乳酸菌的品质。同时，在加热时，硬水容易形成水垢沉淀物，会使杀菌设备、管道、发酵罐、包装设备等产生水垢而发生污染，而且增加能耗。因此，高硬度的水必须经过软化处理。另外，水的浊度、重金属含量、有机质、余氯、氧和微生物等指标都会对乳酸菌品质产生重大影响。只有严格保证水质达到标准，才能够避免乳酸菌产品出现污染、菌量减少等不良现象，同时延长保质期。一般采用沙滤、阴阳树脂交换、活性炭过滤等技术对水进行处理，再经过二级反渗透，最终使生产乳酸菌用水达到适合生产的标准。

三、芽孢杆菌扩培

在刺参养殖中，芽孢杆菌是一类比较常见的益生菌，由于其代谢过程中可以产生果胶酶、淀粉酶、纤维素酶、植酸酶等多种功能性胞外酶，因此可以分解饲料中复杂的碳水化合物结构，能有效提高饲料的利用率，促进刺参对蛋白和脂肪的消化吸收。由于芽孢杆菌会产生芽孢，具有很好的抗逆性和稳定性，耐高温、耐挤压、耐酸碱，因此常常作为刺参发酵饲料生产菌。此外，芽孢杆菌作用于养殖水体，也具有改善水质的作用。养殖中常用的典型菌种有枯草芽孢（*B. subtilis*）、凝结芽孢杆菌（*B. coagulans*）、短小芽孢杆菌（*B. pumilus*）、地衣芽孢杆菌（*B. licheniformis*）等。除了制备发酵饲料和净化水体，芽孢杆菌还可以消耗肠道内氧气，为乳酸菌等厌氧菌的生长繁殖创造厌氧环境，保持刺参肠道微生态系统平衡；产生蛋白酶、有机酸、B 族维生素等多种营养物质，促进刺参生长，提高机体免疫能力；分泌抗菌物质，对病原微生物产生抑制或杀灭作用。

1. 菌种筛选

芽孢杆菌菌种的采集与筛选和乳酸菌的分离筛选一样，即从刺参肠道或者生长环境中筛选目标菌。下面以常用的枯草芽孢杆菌为例进行说明。

将采集的样品在无菌条件下保存于无菌生理盐水中，用冰块降温，在 12 h 内进行后续的培养分离。取 0.5 mL 样品液，加入 5 mL 的复合营养肉汤（MNB）中。

MNB 培养基组成与 pH 值：葡萄糖 5.0 g/L，蛋白胨 5.0 g/L，牛肉膏 3.0 g/L，酵母浸粉 1.0 g/L，硫酸镁 0.5 g/L，硫酸锰 0.005 g/L；pH 值为 7.0±0.2。

把上述组分均匀地溶解在水溶液中，115 ℃灭菌 30 min，然后冷却到常温，备用。

种子培养基：蛋白胨 1%，酵母浸出物 0.5%，氯化钠 1%，自然 pH 值。

基础发酵培养基：蔗糖 1%，蛋白胨 1%，磷酸氢二钠 0.2%，二氢钠 0.2%，pH 值为 7.0。

菌种活化：将保存的菌种转接到斜面培养基，37 ℃培养 24 h，备用。

种子液的制备：用 200 mL 三角瓶装 50 mL 发酵培养基，接入 1 mL 菌种（接种量为 2%），置摇床中，30 ℃振荡培养 12 h，转速为 160 r/min。

2. 培养条件

碳源：以葡萄糖、蔗糖和麦芽糖为碳源时，枯草芽孢杆菌的生长明显优于可溶性淀粉和玉米淀粉，最佳碳源是葡萄糖，其次是蔗糖。

氮源：对于枯草芽孢杆菌培养的生长，有机氮源明显优于无机氮源，最适氮源是酵母浸出物。从发酵成本考虑，酵母浸出物、胰蛋白胨及氯化铵组成的氮源较合适。

培养时间：摇瓶培养的枯草芽孢菌种自接种 8 h 开始进入对数生长期，细菌状态良好，数量开始快速增加。因此，采用10~12 h 的菌液作为菌种较合适，此时芽孢杆菌为对数生长中末期，即可以保持较高的细菌活力，又可以获得尽可能多的细胞数。

pH 值：枯草芽孢杆菌对 pH 值的适应性较好，pH 值为 5.5~8.0，枯草芽孢杆菌均可良好生长，pH 值为 6.0 时生长最好；随 pH 值的增大，活菌数呈下降趋势。

温度：枯草芽孢杆菌在 25~40 ℃均可良好生长，生长最适温度为 35 ℃。

装液量及接种量：芽孢杆菌为需氧菌，在生产过程中需要大量的氧气，装液量不可过多，培养液与容器体积比设定为 2：2.5为好，接种量 2%~3%较适合芽孢杆菌生长。

3. 芽孢杆菌规模化生产工艺流程

芽孢杆菌的规模化生产可以根据自身的生产条件和需要来确定。可以利用发酵罐等设备进行生产（图 5-2），也可以利用不同规格尺寸的塑料桶等进行枯草芽孢杆菌简易扩培生产（图 5-3）。

图 5-2　发酵罐扩大培养

图 5-3　简易扩培方式

（1）发酵罐分批发酵方式扩大培养

灭菌方法：种子培养基、发酵培养基、菌种培养器材、发酵罐体等均需采用湿热高压灭菌，灭菌条件为 121~125 ℃、0.10~0.15 MPa，灭菌 20~30 min。灭菌后无菌操作取培养基染色镜检，无微生物，说明灭菌彻底；若有，需重新配制培养基并灭菌。

接种方法：接种针经火焰灭菌，待冷却后，沾取少量初级菌种，转接至装有种子培养基的三角瓶内，完成一级菌种的接种，此过程在超净工作台上完成。

一级菌种转接至发酵罐时，三角瓶口和发酵罐接种口处需有火焰保护，保证无菌操作。同时发酵罐应调节进排气阀，保持罐内正压。

发酵罐分批发酵参数设置如下：发酵罐装液量为 60%~70%；发酵温度为 35~37 ℃；初始搅拌转速为 250~300 r/min；接种量为 2%~5%；初始 pH 值为 7.2~7.5，发酵过程中 pH 值低于 6.0 时，自动补加 28% 氨水，维持发酵液 pH 值；发酵过程中向培养基中连续补充无菌空气，通气量为 12.5 L/min。

发酵周期为 18~36 h，当枯草芽孢杆菌活菌数达到 3.0×

10^9 CFU/mL 以上时，可结束发酵；发酵过程中可自动通过添加有机硅类消泡剂来消除泡沫影响，也可在配置培养基时提前加入。

（2）简易扩培方式扩大培养

① 菌种发酵用水预处理。枯草芽孢杆菌发酵用水需提前经过沉淀和沙滤，再用质量分数为 8%～10% 的次氯酸钠消毒处理。每吨海水或淡水加入 500～800 mL 次氯酸钠溶液，处理 24 h 后，以适量的硫代硫酸钠中和并曝气，利用淀粉碘化钾溶液测试有无余氯。

② 简易扩大培养。根据扩培体积称取发酵培养基，将培养基转入扩培体积 20% 的发酵用水中，并向水中通入蒸汽。控制水浴温度在 60～65 ℃，保持 30 min，对培养基进行加热溶解和消杀处理。趁热将培养基转入装有扩培体积 80% 发酵用水的发酵容器内，待培养基混合均匀且温度降至 28～32 ℃时，快速将种子液倒入其中。接种后，取略大于桶口尺寸的全新透明塑料布盖在桶口上，四周用绳扎紧，塑料布中央穿孔，以便于通气和排气管通过。

简易扩大培养过程发酵参数设置如下：发酵容器装液量为 70%～80%，发酵温度为 28～32 ℃，接种量为 2%～3%，发酵周期为 72～96 h，发酵全程利用通气管向培养基中连续补充过滤空气。

发酵液处理：发酵后菌液可直接使用或密封包装至灭菌容器内。

规模化生产枯草芽孢杆菌发酵的培养基配方为：豆粕粉 25 g，红糖 30 g，尿素 0.8 g，磷酸二氢钾 1.5 g，轻质碳酸钙 2 g，氢氧化钠 0.18 g，消泡剂 0.2 g，海水或淡水 1000 mL；pH 值为 7.2～7.4。

四、海洋红酵母扩培

刺参育苗与养殖企业常用的酵母种类有很多，目前在生产中最常使用的是酿酒酵母（*S. cerevisiae*）、产朊假丝酵母（*C. utilis*）和红酵母属（*Rhodotorula*）。酵母细胞体内含有丰富的蛋白质、维生素和生物活性物质，氨基酸的组成完备，无毒副作用，适用于刺参养殖的整个生长周期，是较为理想的饲料蛋白来源，可代替或部分替代目前日益昂贵的传统动物蛋白原料。有关研究结果表明，酵母还可影响刺参肠道的微生态平衡，帮助有益菌增殖，抑制有害菌。部分海洋红酵母可代谢生产虾青素、类胡萝卜素、维生素 E 等营养物质，还可以提高刺参机体的免疫能力，促进新陈代谢，继而提高刺参的生长性能和经济效益。

1. 菌种筛选

根据目标菌种，一般从鲜活海洋底栖动物的肠胃中采集。首先将其肠胃容物取出，放到无菌生理盐水中，用 200 目左右筛绢网过滤，然后按照 2% 的比例移入富集培养液。富集培养用 500 mL 或者 1000 mL 三角烧瓶，装富集培养液 1/5～1/4，置放在摇床上。转速 100～160 r/min，温度控制在 20～22 ℃，经过 4 d 富集培养后，从摇床上取下，开始进行平板划线法提纯。4 d 后，再进行一次复选，仍然采用平板划线法纯化。待菌种纯化出来后，平板培养基上出现一道道粉红色菌体。将纯化出来的菌体在平板（培养皿）上用封口膜封好，存放在 4 ℃ 左右的恒温箱中备用。

富集培养的培养基配方：葡萄糖 2%，蛋白胨 1%，酵母膏 1%；用乳酸调节 pH 值为 7.0～7.2。

2. 简易生产方法

配制培养基并装入 1000 mL 三角烧瓶中，每个三角烧瓶最多可倒入 300 mL 培养液，用 3～4 层纱布并外加一层牛皮纸封瓶口。

121 ℃高压蒸汽灭菌 25~30 min，冷却到 20~22 ℃后，将菌种接入三角烧瓶，放到摇床上培养。摇床转速 80~120 r/min，恒温 28~30 ℃，48 h 后可接入种子发酵罐或者简易扩培的容器中。

酵母菌的简易扩培，可采用扩培容器底部充气的方法进行，用水浴控制培养温度，发酵培养基与菌种筛选用培养基配方相同。应该注意的是，发酵培养基装液量应是培养容器容积的80%，用乳酸调节 pH 值，同时提前在培养基中添加一定数量的消泡剂。进入发酵容器的空气必须过滤达到无菌状态。培养 4~5 d 后，可以离心浓缩、包装冻存，使用时须提前取出解冻；也可以采取喷雾干燥的方法或者冷冻干燥机制成干粉使用。

酵母的生长速度相较于细菌缓慢，大约 2 h 传代一次，远低于细菌的 20 min 传代一次，因此对发酵设备和培养基的灭菌级别要求更高。在生长过程中，对温度和溶解氧也有着更为严格的限定，通过简易扩培的方式往往很难获得满意的产品。在实际的规模化放大生产过程中，建议使用具有蒸汽灭菌功能的发酵罐，可通过控制系统，对发酵罐的温度、溶解氧、pH 值及消泡程度进行自动控制，保证酵母菌的产出数量和质量。

酵母菌规模化生产的方法和生产工艺流程，基本与枯草芽孢杆菌一致，只需根据实际情况修改培养液配方并控制好温度。

❀ 第三节　益生菌在刺参养殖中的应用

一、净化水质

由于高密度刺参育苗与养殖的水体中含有大量的刺参粪便和残饵，它们腐败后产生的氨态氮、硫化氢和一些有害物质，直接污染水体和底泥。轻度污染能造成刺参生活不适，饵料系数增高，生长缓慢，积累到一定程度后，可使水体底部缺氧，引发病害或直接致使刺参死亡。光合细菌等能有效地将氨态氮、硫化氢等有害物质吸收，从而提高水体中溶解氧，调节 pH 值。水体的富营养化亦可滋生大量的病原微生物，使刺参感染发病。施用光合细菌后，还能抑制其他病原菌的生长，从而达到净化水质、促进刺参健康生长的目的。

二、维护水体微生态平衡

养殖水体中存在着各种各样的微生物，以及有益的、有害的和处于中间状态的条件致病微生物。正常情况下，条件致病微生物不致病，但遇水质污染或刺参免疫功能下降时，它们便大量繁殖为害刺参。以前人们采用消毒杀菌剂来控制，但随着施用次数增加，病原微生物的耐药性也相应地增强，为了达到预防和治疗的效果，每次施用的剂量不得不逐渐加大，这不仅增加了用药成本，而且污染了水体，导致刺参品质量下降。

在日常养殖生产中，通过使用益生菌维持水体中微生态系统平衡，能使有益微生物始终占绝对优势，有效控制病原微生物的生长繁殖，改善水质，达到预防病害的效果。

三、作为饲料添加剂

益生菌的菌体细胞营养丰富，并含有大量的生物活性物质，可直接拌入饲料中投喂，除增加营养、降低饲料系数，还可起到刺激刺参免疫系统，增强其消化和抗病能力，促进其生长的作用。

四、刺参发酵饲料

酵母菌和芽孢杆菌等可用于刺参发酵饲料的生产。刺参发酵饲料生产工艺的精良与否，是决定刺参发酵饲料技术成败的关键，常见的刺参发酵方式有固态厌氧发酵和液体厌氧发酵。具体内容详见第六章第三节"三、刺参发酵饲料"。

五、在刺参养殖中使用益生菌应注意的问题

① 益生菌不可与消毒杀菌剂和抗生素同时使用。在晴天水温20 ℃以上时，使用效果较好。

② 液体益生菌打开包装后，应于当天用完。

③ 高温季节慎用芽孢杆菌，需掌握好使用剂量的多少，原则上应勤投少放。

④ 只有益生菌在水体中形成优势群落后，才能发挥最大作用。处理养殖池塘底质时，可将菌液用沸石粉或饲料吸附后撒入池中。

⑤ 无论何种益生菌，在使用中应灵活掌握用量和使用的连续性。

第六章　刺参营养需求及高效饲料

20世纪50年代，日本开始了刺参饲料的研究工作。我国学者在20世纪60年代以小新月菱形藻、小球藻和盐藻等培育刺参幼体，以石莼和大叶藻磨碎液培育稚幼参。之后，在较长一段时间内，对刺参饵料的相关研究基本停留于初步探讨阶段。20世纪80年代中期，辽宁省海洋水产科学研究院隋锡林研究员率先研制出"8310""8406"等刺参配合饲料，开启了刺参专用人工配合饲料研究和应用的新阶段。近年来，随着刺参养殖业的不断发展，研发出适合不同养殖阶段和不同养殖模式的刺参配合饲料，刺参饲料业也成为刺参养殖的重要配套产业之一。但目前我国刺参营养需求等基础理论的研究水平尚不高，配合饲料的研发仍落后于产业发展的需要，正逐渐成为制约刺参养殖业发展的重要因素之一。

❀ 第一节　刺参的主要营养需求

一、刺参的营养成分组成

与其他海水养殖生物（如鱼、虾、贝类等）相比，刺参的营养方式有两个突出的特点：一是属于沉积物食性，利用楯形触手摄食海底和附着基上的沉积物或附着物；二是消化道分化程度低，摄食选择能力低，需要借助于有利的生态因素（如有益微生物等）完成消化吸收。刺参摄食有一定的选择性，包括物理选择和化学选择，但选择能力较低。自然海区刺参数量的多少，与该海区饲料的多少有密切的关系。在养殖条件下，投喂人工配合饲料，刺参不是直接吞食，而是要待饲料在附着基或池底分散后，同泥沙等一起摄食。因此，生产适合刺参营养需求的高效饲料对减少饲料浪费和水体污染至关重要。

要想了解刺参的营养需求，首先应了解刺参体壁主要生化成分和氨基酸组成，刺参成参（鲜品）体壁的组成（表6-1）中，蛋白质质量分数为16.5%左右，脂肪仅为0.2%；氨基酸组成和质量分数（表6-2）在不同体长的刺参分析样品中的比例不同，在100 g样品中，体长为2~3 cm的个体氨基酸含量为2.52 mg，体长为10~15 cm的个体氨基酸含量为5.59 mg。可见，在刺参的不同生长阶段，氨基酸的组成和质量分数是不同的，对营养的需求也有所差异。

表6-1　刺参（鲜品）体壁主要生化成分和质量分数

生化成分	质量分数	生化成分	质量分数
水分	77.1%	钾/$[mg \cdot (100\ g)^{-1}]$	43.00
蛋白质	16.5%	钠/$[mg \cdot (100\ g)^{-1}]$	502.90
脂肪	0.2%	钙/$[mg \cdot (100\ g)^{-1}]$	285.00
碳水化合物	0.9%	镁/$[mg \cdot (100\ g)^{-1}]$	149.00
灰分	3.7%	铁/$[mg \cdot (100\ g)^{-1}]$	13.20
核黄素/$[mg \cdot (100\ g)^{-1}]$	0.04	锰/$[mg \cdot (100\ g)^{-1}]$	0.76
尼克酸/$[mg \cdot (100\ g)^{-1}]$	0.10	锌/$[mg \cdot (100\ g)^{-1}]$	0.63
维生素E/$[mg \cdot (100\ g)^{-1}]$	3.14	磷/$[mg \cdot (100\ g)^{-1}]$	28.00
硫胺素/$[mg \cdot (100\ g)^{-1}]$	0.03	硒/$[\mu g \cdot (100\ g)^{-1}]$	63.93

资料来源：于东祥，孙慧玲，陈四清，等. 海参健康养殖技术［M］. 2版. 北京：海洋出版社，2010。

表 6-2　刺参氨基酸组成和质量分数　　　　单位：mg/100 g

氨基酸组成	海参体长	
	2~3 cm	10~15 cm
赖氨酸	0.13	0.16
组氨酸	0.04	0.05
精氨酸	0.13	0.47
天冬氨酸	0.33	0.61
苏氨酸	0.13	0.34
丝氨酸	0.13	0.30
脯氨酸	0.11	0.45
甘氨酸	0.25	0.98
丙氨酸	0.14	0.38
缬氨酸	0.12	0.24
甲硫氨酸	0.05	0.08
异亮氨酸	0.10	0.14
亮氨酸	0.17	0.21
酪氨酸	0.12	0.12
苯丙氨酸	0.11	0.18
谷氨酸	0.46	0.88
合计	2.52	5.59

资料来源：于东祥，孙慧玲，陈四清，等. 海参健康养殖技术 ［M］. 2 版. 北京：海洋出版社，2010。

二、主要营养成分的功能和需求

1. 蛋白质

蛋白质是刺参生长、繁殖、增强免疫力、维持健康状态不可或缺的重要营养成分。刺参从外界饲料中摄取蛋白质，在消化道中经消化分解成氨基酸后被吸收利用。蛋白质的生理功能包括：供体组织蛋白质的更新、修复，以及维持体蛋白质现状；用于生长（体蛋白质的增加）；作为部分能量来源；组成机体各种激素和酶类等具有特殊生物学功能的物质。研究结果表明，与鱼类和虾蟹类等水产动物相比，刺参对蛋白质的需求偏低，适宜的粗蛋白水平范围为 18.21%~24.18%，规格小的刺参对蛋白质的需求较高，随着刺参规格的增大，刺参对蛋白质的需求有降低的趋势。

在蛋白质特有的营养效果中，用于刺参体组织蛋白质的更新、修复和维持体蛋白现状等的氨基酸，以及用于生长的氨基酸，是其他营养素无法代替的；蛋白质分解后作为能源消耗的氨基酸，目前生产实践表明，在某种情况下，可以由糖代替。在刺参配合饲料的生产中一般使用同一种质量的蛋白饲料源，如果适量增加或搭配能量型饲料源，可使蛋白质较多地用于刺参生长，能有效提高饲料利用效率。

2. 糖类

糖类是多羟基醛或多羟基酮，以及水解后能够产生多羟基醛或多羟基酮的一类有机化合物。按照其结构可分为单糖、低聚糖、多糖三大类。单糖是构成低聚糖、多糖的基本单元，不能水解为更小的分子，如葡萄糖、果糖、木糖、核糖、甘油醛等。低聚糖是由 2~6 个单糖分子失水而成，按照其水解后生成单糖的数目，又可分为双糖、三糖、四糖等。其中，以双糖最为重要，如蔗糖、麦芽糖、纤维二糖、乳糖等。多糖包括淀粉、糖原、糊精、纤维素、半纤维素、甲壳素及果胶等。

糖类及其衍生物是刺参体组织细胞的组成部分，可为刺参提供能量，供机体利用；同时可合成糖原，储存备用。糖类也为刺参合成非必需氨基酸提供碳架，可改善饲料蛋白质的利用，当饲料中含有适量的糖类时，可减少蛋白质的分解供能，提高饲料蛋白质的利用率。另外，适量的纤维素具有刺激消化酶分泌、促进消化道蠕动的作用，是维持刺参健康所必需的物质。

糖类在刺参体内的代谢包括分解、合成、转化和输送等环节。摄入刺参体内的糖类在其肠道内被淀粉酶、麦芽糖酶分解成单糖，然后被吸收。吸收后的单糖在其体内组织被进一步氧化分解，并释放出能量，或被用于合成糖原、氨基酸等，或参与合成其他生理活性物质。刺参对糖类的利用能力较肉食性鱼类高，在生产实践中，在刺参饲料中添加适量的红糖，有较好的促生长效果。

3. 脂类

脂类是在动植物组织中广泛存在的一类脂溶性化合物的总称，按照其结构可分为中性脂肪和类脂质两大类。中性脂肪，俗称油脂或脂肪，是三分子脂肪酸和甘油形成的脂类化合物。类脂质种类有很多，其结构也多种多样，常见的类脂质有蜡、磷脂、糖脂和固醇等。在刺参养殖中，主要使用的脂类是磷脂。

磷脂在生物体生命活动中起重要作用，是细胞膜的组成部分，能促进油脂的乳化，有利于油脂的消化、吸收及其在体内的运输。刺参体内脂肪极少，某些高度不饱和脂肪酸，是刺参所必需而本身又不能合成的，必须依赖于饲料直接提供；当饲料中含有适量的脂肪时，可减少蛋白质的分解供能，节约蛋白质用量。

刺参不能如鱼、虾类一样能有效地利用脂肪，并从中获取能量。在刺参饲料中，大多数采用海藻粉和牡蛎粉作为原料成分，其含磷、钙量都较高。磷可促进脂肪的氧化，避免脂肪在体内大量沉积；钙可与脂肪发生螯合，从而使脂肪消化率下降。相关研究结果表明，刺参（稚、幼参阶段）对脂肪的需求量为0.19%～5.88%。王吉桥等还进行了饲料中不同脂肪酸搭配对刺参幼参生长和体组成的影响探讨，认为亚油酸：a-亚麻酸：二十二碳六烯酸：二十碳五烯酸的比例为10∶5∶6∶1时，刺参生长最快，体壁最厚，肠道中淀粉酶和蛋白酶的有效活力最高，对饲料脂肪和蛋白的消化率也较高。

4. 维生素

维生素是维持动物健康、促进动物生长发育所必需的一类低分子有机化合物，在动物体内不能自主合成或合成很少，必须经由食物提供。由于维生素对维持动物体的代谢过程和生理机能，有着极其重要且不能为其他营养物质所代替的作用，因此是刺参饲料组分中必须考虑的因素。

维生素按照其溶解性分为脂溶性维生素和水溶性维生素两大类。脂溶性维生素包括维生素 A，D，E，K 等；水溶性维生素包括维生素 B_1，B_2，B_3，B_5，B_6，B_{12}，C，叶酸、生物素（维生素 H、维生素 B_7）等。

维生素在生理功能上的主要作用如下。

维生素 A 能够促进黏多糖的合成，维持细胞膜及上皮组织的完整性和正常的通透性。

维生素 D 的主要作用是增加肠道对钙、磷的吸收，促进成骨细胞的形成和钙质在骨质中的沉着。

维生素 E 可保护维生素 A 及不饱和脂肪酸不受氧化，起到饲料抗氧化剂的作用，同时有抗不育功用，能促进甲状腺激素、促肾上腺皮质激素及促性腺激素的产生。

维生素 K 主要发挥参与凝血的作用。

维生素 B_1 在动物体内主要以硫胺素焦磷酸的形式存在，其作为丙酮酸氧化脱羧酶和转羟乙醛酶等的辅酶，对维持体内正常的糖代谢具有重要作用。

维生素 B_2 是体内许多氧化还原酶的辅酶，在氧化还原反应中起着递氢的作用，且对维持皮肤和黏膜等机能均有作用。

维生素 B_3 对糖、脂肪和蛋白质代谢过程中转移乙酰基具有重要作用。

维生素 B_5 在体内氧化还原反应中发挥重要作用。

维生素 B_6 与氨基酸代谢有密切关系，能加快氨基酸的吸收速度，提高氨基酸的消化率。

维生素 B_{12} 参与体内一碳基团的代谢，是传递甲基的辅酶，其作用发挥与叶酸相关。

维生素 C 在体内的生理功能极为广泛，是合成胶原和黏多糖等细胞间质的必需物质，能使体内氧化型谷胱甘肽转变为还原型谷胱甘肽，从而起到保护酶的活性 SH 基、解除重金属毒性的作用。同时，其作为一种还原剂，可参与体内的氧化还原反应及其他代谢反应。

叶酸是一种广泛分布的 B 族维生素，其最重要的功能是制造红血球和白血球，增强免疫力。

生物素是体内许多羧化酶的辅酶，参与物质代谢过程中的羧化反应，在体内合成脂肪酸的反应中起着重要作用。生物素是合成维生素 C 的必要物质，是脂肪和蛋白质正常代谢不可或缺的物质，也是维持刺参正常成长、发育及健康必要的营养素，无法经由人工合成。

从生理代谢的角度讲，刺参需要获得一定量的维生素才能维持正常的生理活动和生长。相关研究结果表明，刺参对主要维生素的需求量（表6-3）相差较大，但对其他维生素类最适需求量的研究报道较少。在生产实践中，电解多维等产品已经被广泛使用。在饲料生产中，更需要关注的是维生素的添加量或适宜含量及种类。刺参饲料中维生素添加量的确定要以刺参对维生素的需求量为依据，但两者不应等同，需要根据刺参生长阶段、生理状态、放养密度、食物来源及添加维生素剂型等因素来确定。

表6-3　刺参对主要维生素的需求量

维生素（剂型）	初始体质量/g	饲养周期/d	评价指标	需求量
VC（VC-2-三聚磷酸酯）	2.29±0.21	90	特定生长率、饲料系数、蛋白质表观消化率	2000~2500 mg/kg
VC（VC-棕榈酸酯）				1000~1500 mg/kg
VC（VC-磷酸酯镁）				2000~3125 mg/kg
VC（L-抗坏血酸-2-单磷酸酯）	1.49±0.07	98	质量增加率	100.0~105.3 mg/kg
VE（dl-α生育酚乙酸酯）	1.48±0.07			23.1~41.0 mg/kg

表6-3(续)

维生素（剂型）	初始体质量/g	饲养周期/d	评价指标	需求量
VE（dl-α 生育酚乙酸酯）	7.96±0.01	60	特定生长率、体腔细胞总数	88~92 mg/kg
			体壁硫代巴比妥酸反应物质	114.7 mg/kg
VE	15.43	56	质量增加率	165.2~187.2 mg/kg
VA	15.48±0.01			11000 IU/kg
VD$_3$	15.43±0.14			1587.5 IU/kg
VB$_2$	1.49±0.07	98		9.73~17.90 mg/kg
VB$_6$（磷酸吡哆醇）	12.23±0.11	84		45 mg/kg

5. 矿物质

矿物质营养是生物生长所必需的元素，包括常量矿物元素和微量矿物元素两大类。常量矿物元素（如 Ca，P，Mg，Na，K，Cl，S）约占动物体内总无机盐的 60%~80%；微量矿物元素（如 Fe，Cu，Mn，Zn，Co，I，Se，Ni，Mo，F，Al，V，Si，Sn，Cr）在动物体内不超过 50 mg/kg。

矿物质在动物体内主要有五项重要生理功用：其一，是动物体组织的构成成分，如 Ca，P，Mg，F 等；其二，是酶的辅基成分或酶的激活剂，如 Zn，Cu 等；其三，是构成软组织中某些特殊功能的有机化合物，如 Fe，I，Co 等；其四，是体液中的电解质，能维持体液的渗透压和酸碱平衡，保持细胞的定形，供给消化液中的酸或碱，如 K，Na，Cl 等；其五，维持神经和肌肉的正常敏感性，如 Ca，Mg，Na，K 等。虽然矿物质对动物营养很重要，但是在饵料中添加过多矿物质会引起动物中毒，抑制酶的生理活性，从而改变生物大分子的活性，不仅对动物生长不利，而且因其富集作用，当作为人的食品时，将危害人体健康。

由于多种因素能影响刺参对矿物质的吸收和利用，所以刺参对矿物质营养的定量需求较其他有机营养成分更难确定。但矿物质已在生产过程中被经常使用。例如，当饲料中蛋白质添加量过多，造成刺参消化不良引起拖便，通过添加牡蛎壳粉等可以改善其肠道消化功能。在刺参养殖中，海泥因有许多植物和动物原料所不具备的微量矿物元素而成为被广泛使用的饲料原料，一般用量比例在 20%~50%。

相关研究结果表明，当刺参的生长阶段不同、饲料不同或同一种饲料的新鲜程度不同、处理方式不同时，刺参的消化吸收率也不同。刺参摄取沉积物中的有机物，其消化率约为 15%；而对有些食物成分，其消化率可能高些。根据生长阶段的不同，目前人们使用的刺参饲料原料也不相同。在浮游阶段和幼体阶段，以单细胞藻类和酵母类为主，现阶段大多数采用海洋红酵母，因其在水体中不仅分布均匀，而且完全可以满足刺参幼体的营养需求，并且节省单胞藻培养成本；在稚参、幼参和成参阶段，多使用海泥、黄泥、鼠尾藻、马尾藻、海带、裙带菜、鱼粉、大豆蛋白、酒糟、贻贝粉、牡蛎壳粉等原料。

❀ 第二节　刺参绿色饲料添加剂

绿色水产饲料添加剂是指少量或微量添加于水产动物饲料中的特定物质，它具有促进生长、增强免疫力、提高饲料利用率、改善环境、确保水产品无药物残留等多种功能。水产饲料添加剂通常分为两大类：营养性饲料添加剂（包括维生素、氨基酸、微量元素等）和非营养性饲料添加剂（包括促生长剂、抗氧化剂、免疫刺激剂、诱食剂等）。水产饲料添加剂具有以下特点：① 饲料添加剂必须是国家批准可以使用的产品；② 可提高饲料利用率，促进水产动物生长，改善产品品质；③ 能增强动物机体的抗病能力，提高免疫力，有效减少动物疾病的发生，且长期使用既不会产生耐药性或毒副作用，也不会留下有害残留；④ 对环境友好，正确使用可以减少药物残留和环境污染，保障动物和人类健康，同时有利于保护生态环境和可持续发展；⑤ 添加剂自身性质相对稳定，可保证作用效果，且对饲料适口性无影响；⑥ 可与其他饲用药物协同使用，不会相互干扰。

在刺参养殖中，为了提高刺参的产量和品质，除海泥、藻粉等主要原料，糖类、维生素等均作为绿色饲料添加剂被广泛应用到刺参饲料中。

目前，关于刺参饲料绿色添加剂已开展了大量研究，将中草药、寡糖、多糖、维生素、微量元素、酶制剂、微生态制剂和功能性蛋白等作为饲料添加剂应用于刺参养殖试验中，取得了较好的效果。

1. 中草药添加剂

常用中草药（如甘草酸、大黄、黄芪等）作为饲料添加剂，可提高水产动物的抗病性和抗应激性，改善摄食能力，促进生长，提升水产品质量。复方中药饲料添加剂应用于刺参养殖试验，可促进刺参生长，提高饵料利用效率，增强免疫酶活性，提升机体免疫性能，减少腐皮综合征发生，搭配益生菌使用效果更佳。但目前主要采用将中草药简单加工配制成饲料添加剂或直接施于水中的方法，导致水溶性活性物质溶失，成本高且操作不便。同时，由于中草药成分复杂，很难鉴别出所有成分，导致作用于刺参的有效成分不清楚，作用机制也不明确，如药材质量不稳定、配方不合理、大剂量和长时间不当使用等情况，也可能对刺参产生毒副作用。

2. 寡糖类添加剂

寡糖具有多种生物活性，尤其是来源于海洋生物多糖降解的海洋寡糖，具有无毒副作用、成本低、易获得等优点。相关研究结果表明，单独使用 β-葡聚糖、甘露寡糖、低聚果糖、壳寡糖，或者将 β-葡聚糖与维生素 C、甘草酸、甘露寡糖配合使用，低聚果糖与枯草芽孢杆菌配合使用，均可提高刺参的免疫力和抗病力，同时促进其生长。由于寡糖具有良好的水溶性，简单地与饲料混合投喂刺参时，寡糖会在极短的时间内溶于水中，而刺参摄食缓慢，被摄入体内的寡糖数量有限。为了解决这一问题，可以通过化学修饰或物理包裹等方法改变寡糖的结构，从而降低其在水中的溶解度。

3. 多糖类添加剂

多糖是构成生命的四大基本物质之一，广泛存在于动物细胞膜和植物、微生物的细胞壁中。在水产养殖过程中，免疫多糖被广泛应用于提高养殖生物的免疫力和抗病力。常用的免疫多糖包括酵母多糖（葡聚糖）、枸杞多糖、黄芪多糖、肽聚糖、茯苓多糖、壳聚糖、海藻多糖、香菇多糖等。目前，开展刺参养殖试验的多糖基本上都是水溶性多糖，存在的问题同寡糖一致。

4. 维生素添加剂

维生素在水产动物的生命活动中扮演着举足轻重的角色，如促进生长发育、新陈代谢、繁殖和免疫等。多数维生素无法在水产动物体内自行合成或合成不足，因此集约化养殖需要额外补充多种维生素，以确保其健康生长。相关研究结果表明，在饲料中添加维生素 B_2、B_6、D_3，能够显著提高刺参幼参的增重率。维生素 C 不仅对刺参的增重、特定生长率和饲料效率有一定的促进作用，而且能够明显提高刺参的免疫力和抗病能力，还可以减少刺参的亚硝酸盐应激反应，提高抗氧化能力。维生素 E 不但对刺参的特定生长率、免疫力和抗病力有一定的促进作用，而且可提高刺参生长效率。维生素分为水溶性和脂溶性两种。维生素 B_2，B_6，C 属于水溶性维生素，维生素 D_3，E 属于脂溶性维生素。与寡糖类似，水溶性维生素也存在吸收利用率低的问题。因此，在使用维生素时，应该根据刺参的实际需要酌情添加。

5. 微量元素添加剂

微量元素硒在水产养殖中具有重要作用，可以改善刺参的生长能力、抗氧化性能和免疫功能。常用的富硒饲料添加剂包括硒粉、富硒酵母、蛋氨酸硒和亚硒酸钠等，其中有机硒能够提高刺参消化和积累蛋白质的能力，促进其生长，降低死亡率。但目前有机硒成本较高且吸收利用率不如无机硒，且有机硒和无机硒的水溶性问题也需要解决。

6. 酶制剂添加剂

酶制剂作为一种新型的饲料添加剂，具有很多优点，如可以提高饲料的利用率、促进动物的生长和发育、减少环境污染等。在鱼类和虾蟹类水产养殖中，酶制剂已经得到广泛的应用，但是其在刺参中的应用尚处于起步阶段。在刺参饲料中添加不同剂量的纤维素酶，可以促进幼刺参生长，提高其消化能力和非特异性免疫力等。经过植酸酶和纤维素酶处理后的刺参饲料，能显著提高刺参的生长率和成活率。复合酶制剂对刺参具有多重功效，包括促进生长、优化机体成分、提高免疫和消化能力等。为了使酶制剂在刺参养殖中尽早实现产业化，目前亟待解决的首要问题是绝大部分酶制剂的水溶性问题。近年来，固定化酶技术逐渐兴起，并进一步开发耐高温、耐低温、耐盐和酶活性强等多种酶制剂产品。

7. 微生态添加剂

微生态制剂可以对刺参养殖产生多种积极影响，包括增加产量、增强抗病能力及对水质环境友好。这些制剂主要由多种细菌和真菌微生物组成，如放线菌（*Actinomycete*）、乳酸杆菌（*Lactobacill*）、光合细菌（*Photossynthetic bacteria*）、酵母菌（*Saccharomyces*）等。

海洋红酵母作为一种饲料添加剂，可以提高消化酶活性，促进刺参的生长和先天免疫系统发育，同时改善其营养价值。

芽孢杆菌不仅具有抗逆、稳定和易复活等优点，而且可以帮助水产养殖动物提高防病能力和机体免疫力，促进生长，同时能改善水质。

EM菌是一种复合菌剂，由乳酸菌、枯草芽孢杆菌、酵母菌等多种微生物组成。这些微生物可以协同作用，促进有机物的降解和转化，提高水质净化效果。

微生态制剂具有价格便宜、无药残、无耐药性、对环境友好等优势，已被广泛应用于刺参养殖生产，产业化规模正日益壮大。

8. 功能性蛋白添加剂

功能性蛋白是一种具有特殊功能的蛋白质，在疾病防治方面具有举足轻重的作用，它可以替代抗生素，为动物提供更健康、更安全的营养来源。特定的功能蛋白柞蚕（*Antheraea pernyi*）免疫活性物质，如抗菌肽、溶菌酶、凝集素等，最早从柞蚕蛹血淋巴中提取，将其添加至饲料中饲喂刺参，能够显著提升刺参的免疫力，促进其生长；同时能增强刺参对弧菌感染的抵抗力，维持其肠道内的菌群平衡。

将嗜酸乳杆菌与柞蚕免疫活性物质联合添加，可以产生增强刺参免疫力和消化率的协同效应；源自免疫注射产蛋鸡产出鸡蛋蛋黄的卵黄抗体，是一种被广泛应用于动物疾病防治的物质，它可以提高刺参的生存率和免疫力，降低其组织中弧菌载量，预防和治疗刺参腐皮综合征；凝集素、抗菌肽和溶菌酶等基因在刺参免疫中扮演着重要角色。其中，溶菌酶和抗菌肽是最具代表性的抗菌蛋白，能够对抗多种水产养殖动物病原菌。将溶菌酶和益生菌混合作为饲料添加剂投喂刺参，可以改善其免疫力和抗氧化能力，加速机体生长。此外，通过酵母系统表达抗菌肽，可以有效抑制和杀灭水产养殖中的常见病原菌。

功能性蛋白等多元化饲料添加剂虽然具备开发出更多涉及安全、环保、节约、优质饲养等方向饲料产品的潜力，但也存在着有效成分及含量、使用剂量不明确，以及制备费用较高的问题。

❀ 第三节　刺参高效饲料及应用

在辽宁省传统的刺参苗种培育和池塘养殖中，以使用自配饲料为主，但随着刺参养殖产业的发展、养殖技术的提高和养殖模式的扩展，对高质量饲料的需求量逐年增加。目前，在刺参营养需求、不同饲料配方及饲用效果等方面，国内已有大量研究，适用于种参促熟、池塘养殖和网箱养殖的配合饲料也得到发展。

刺参与其他水产养殖对象都要求配合饲料种类，在饲料成分及配比方面要营养全面，能满足饲养对象的生长需求；在安全卫生方面，要求脂肪不氧化、不含黄曲霉毒素、不含致病菌，细菌总数控制在一定范围之内，汞、铅、镉等重金属及砷要符合标准；在物理指标方面，要求不发霉变质，无结块及异味、异嗅，混合均匀度（变异系数）不大于10%；等等。但刺参因特殊的生活和摄食习性，对饲料有一些特殊要求，如幼参阶段以粉状饲料为主，并且原料粉碎细度要求通过80目，且100目筛上物不得超过10%。稚参原料粉碎细度则要求更细些，一般需要通过200

目；刺参活动量小，耗能较少，在物质代谢和能量代谢方面与鱼、虾、蟹类存在差距，对饲料的利用也有显著不同。例如，刺参对粗蛋白水平的要求为 18.21%～24.18%，仅为鱼类的一半；对粗脂肪水平的要求为 5% 左右，低于鱼、虾、蟹类；对糖类需求量水平则高出鱼、虾、蟹类许多。刺参饲料的生产加工技术是决定海参饲料质量的重要环节之一。原料质量是否优良、添加剂配比是否得当、加工粒度大小是否合适等因素，都可能直接影响刺参育苗和养殖生产的成败。

一、刺参饲料常用原料

饲料既可以只有一种原料，也可以将多种原料混合搭配，以满足养殖对象的营养需求。将不同原料搭配使用生产的饲料称为配合饲料。动物生长的本质是动物对各种营养元素的不断积累，因此养殖饲料的品质对养殖生物的生长和繁殖有着举足轻重的作用。随着育苗和养殖规模的扩大，刺参人工配合饲料的研究也不断发展，并且逐渐细化，浮游幼体阶段以单胞藻和酵母等代用饵料为主，稚、幼参阶段以人工混合的粉末饲料为主，池塘和网箱养殖可用颗粒、片状等配合饲料投喂。组成饲料的原料主要有大型藻类的藻粉、鱼粉、豆粉、海泥等。

1. 大型藻类

（1）鼠尾藻

鼠尾藻（图 6-1）是我国沿海资源丰富的野生藻类之一，生长于潮间带。相关研究结果表明，鼠尾藻的质地柔软、藻胶含量低，是优质的刺参饲料原料。但是由于近年刺参养殖产业规模逐渐扩大，鼠尾藻的自然资源几近枯竭，售价居高不下。

（2）马尾藻

马尾藻在温带浅水海区广泛分布，是海草床代表物种之一，

图6-1　鼠尾藻

在泥质和沙质海底均有生长。马尾藻生长繁茂的海床经常栖息有大量海参。马尾藻与鼠尾藻类似，也同样面临着自然资源即将枯竭的困境。

（3）海带

海带富含多种维生素及碘、钠、钙、钾、镁等多种微量元素，其微量元素多以有机态存在，不仅稳定性好，而且有利于动物消化吸收。鲜海带和干海带在刺参饲料中都有使用，但是海带褐藻胶含量高，不利于刺参消化。此外，海带多糖易引起养殖水体发黏，进而滋生细菌，导致刺参患病。

（4）石莼

石莼资源丰富，对生长环境的要求低，生长速度快，含有丰富的蛋白质、纤维素、碳水化合物和微量元素。相关研究结果表明，石莼对刺参的摄食、生长和营养吸收具有积极的效果，在饲料领域有良好的应用前景。

（5）大叶藻

大叶藻（图6-2）是北半球分布最广泛的海草类，在我国分布于辽宁、河北、山东沿海。大叶藻床是许多海洋动物重要的产卵场、栖息地、隐蔽场所，并可以直接作为刺参的食物。大叶藻因资源丰富、价格便宜，已在刺参饲料中被广为应用。

图6-2 大叶藻

2. 陆生植物性原料

（1）豆粕

豆粕是大豆炼油后的副产物，是大豆经过去皮、研磨和脱脂等加工制成的饲料原料，蛋白质质量分数达到43%，且消化率较高，是优质的植物蛋白源。在刺参饲料应用方面，豆粕的价格合理且来源稳定，已有大量用豆粕取代部分动物性蛋白原料的研究。但是豆粕中含有抗营养因子（如大豆球蛋白），会抑制动物体内消化酶的活性，导致养殖动物蛋白质代谢失衡。

（2）花生饼

花生饼是花生仁饼粕，是花生经过脱壳压榨或者提取油脂之后的产物，粗蛋白质量分数在44%左右，其氨基酸质量分数不均衡，精氨酸质量分数高（5.2%），但赖氨酸和蛋氨酸的质量分数都很低，因此经常与其他蛋白饲料搭配使用，以达到营养均衡的目的。使用花生饼作为饲料时，应注意黄曲霉菌感染，在30 ℃、相对湿度80%的情况下，花生的含水量在9%以上时，便可使黄曲霉繁殖。因此，在使用花生饼时，要注意监测黄曲霉毒素的含量。

（3）麦麸

麦麸由小麦种皮、糊粉层、部分胚芽和少量胚乳组成，是小麦加工的副产物。随着我国近年来小麦产量连年攀升，麦麸的产量也逐渐提高，成为一种产量大且价格低的陆生植物性饲料原料。麦麸最主要的成分是纤维素和半纤维素，同时含有大量的维生素 E 和 B 族维生素。目前，已有研究在探讨在刺参发酵饲料中利用麦麸替换马尾藻的可行性。

3. 动物性原料

（1）鱼粉

鱼粉是优质的蛋白源，粗蛋白质量分数达到55%以上，被广泛应用在各种饲料的生产中。鱼粉氨基酸含量平衡且丰富，特别是赖氨酸、胱氨酸等含量远超一般植物性蛋白源。相关研究结果表明，鱼粉中还含有能够促进动物生长的生长因子，包括核苷酸、活性肽、牛磺酸等已知和未知的成分。鱼粉的质量和营养物质含量会受到多种因素（如鱼的种类、生长阶段、渔获期、渔场等）的影响。

鱼粉的质量可以通过颜色和气味来判断。在颜色上，鱼粉的色泽随着选用的鱼种而变化，如沙丁鱼粉为红褐色，油鲱鱼粉为淡黄褐色；但是过度加热和油脂含量过高的鱼粉呈现深褐色，褐化和焦化的鱼粉为劣质鱼粉，不宜在饲料中使用。在气味上，鱼粉应具有烤鱼的香味，不可有酸、氨臭等腐败气味，亦不可有焦味；鱼粉易受潮结块或者发霉变质，当储存条件不当导致腐败时，鱼粉会失去正常气味。除了以上两点，还应对鱼粉进行镜检及化学检验，来判断鱼粉是否生虫和有无掺杂。随着渔业资源的退化与饲料产业的发展，鱼粉的价格久居高位，是刺参饲料成本的主要构成因素。

（2）扇贝边粉

扇贝边粉是将扇贝裙边经研磨烘干等处理后加工成的干粉。

扇贝裙边是扇贝加工的下脚料，指扇贝在加工时取下闭壳肌后余下的部分，包括外套膜、生殖腺和消化腺等内脏团，重量占整个贝体的20%以上。扇贝边粉的营养价值高，蛋白质、脂肪、碳水化合物、维生素、微量元素等含量丰富，并含有活性多糖、牛磺酸等功能性物质。由于扇贝边粉价格比鱼粉低廉，已被许多刺参养殖饲料配方选用。

（3）虾粉

虾粉是利用虾杂（虾头、虾壳）或低经济价值的全虾，经过干燥、粉碎制成的产品。与鱼粉类似，虾粉的营养价值随着原料的来源、品种、新鲜度和加工方法的变化而改变。虾粉的粗蛋白质量分数为40%~60%，可作为饲料中的蛋白源。在选购虾粉时，应注意其新鲜程度和盐分含量，一般盐分质量分数应控制在8%以内。

4. 海泥

大量的研究和生产实践结果表明，海泥中富含有机和无机营养物质、矿物质、微量元素，在饲料中添加适量的海泥可以提升刺参的养殖效果。海泥的获取方式多种多样，有海滩直接刮取、洗涤附有海泥的吊笼、在浑浊的海区挂吊附着物等。

海泥的成分较为复杂，海区及采集方式都会影响海泥的质量。例如，若海泥不是从海滩表层刮取，而是使用直接挖取形态相似海泥的方式获得，海泥中的海藻碎屑、硅藻类等含量就会降低，导致饲料效果不理想。海泥在使用前，应灭菌除去水蚤等桡足类、滤除大型杂物，经存放的海泥要保证新鲜，并确保海泥开采的海域没有被污染。海泥的使用要适量，一般海泥在饲料中所占的比例为20%~50%，网箱用饲料可适量增加。

二、刺参实用饲料配方

刺参不同生长阶段需要的饲料种类不同：浮游幼体阶段主要饲料有单细胞藻类和海洋酵母等代用饵料；稚参阶段主要饲料有底栖硅藻、大型海藻磨碎液、人工配合饲料等；幼参阶段主要饲料有大型海藻磨碎液、人工配合饲料等；成参阶段主要饲料有人工配合饵料和大型海藻等。其中，浮游幼体期单细胞藻类培养需要空间和时间，且代用饵料能满足刺参营养需求，一般育苗场已不配备饵料培养设施。其他阶段则需根据养殖方法和具体环境条件来确定使用饲料的种类。

1. 刺参变态附板初期饲料

刺参刚变态附着后，对蛋白质的要求偏高，配合饲料的粗蛋白质量分数需达到 18% 以上，各原料超微粉碎至 400 目以上再混合均匀，日投喂量按照水体重量比的 $5×10^{-5} \sim 10×10^{-5}$。建议各原料配比为藻粉 66%、海泥 10%、扇贝边粉 8%、豆粕 12%、啤酒酵母 3%、预混料 1%。其中藻粉由鼠尾藻、马尾藻、大叶菜等磨碎制得，扇贝边粉可用虾粉代替，啤酒酵母可用海洋红酵母代替，预混料为微量元素、海参多维等添加剂（以下均同）。

2. 稚参饲料

稚参一般指刺参幼体变态长出第一管足至变色前，此处指刺参附板后体长为 $0.2 \sim 1.5$ cm 阶段。在自然条件下，稚参摄食舟形藻、卵形藻等底栖硅藻。人工养殖条件下，大部分育苗场以人工饲料为主，粗蛋白质量分数需达到 15% 左右。各原料超微粉碎至 300 目，再混合均匀，按照体重的 4% ~ 5% 投喂。建议各原料配比为藻粉 65%、海泥 18%、鱼粉 5%、豆粕 8%、啤酒酵母 3%、预混料 1%。

因为底栖硅藻培养需要时间和空间，所以大多数育苗场已不培养底栖硅藻，但仍可以通过人工采集后投喂给稚参，通过鲜活饵料的补充提高苗种成活率。底栖硅藻的采集方法多种多样，下述方法较为常用。

① 在当地海区浮筏下悬挂各种类型的附着器，如波纹板、贝壳、网袋等，悬挂深度在 0.5 m 左右。一段时间后取回，冲洗去附着器表面的杂物后，把附着的底栖硅藻擦洗下来。

② 在海滩中潮线区域，自然繁殖的底栖硅藻在沙滩的表面能够形成黄绿色或黄褐色的密集群落。可以在最低潮时刮取有密集群落的表面细沙，放入盛有清洁海水的容器内，搅拌和清除杂物，静置后，将上层茶褐色的藻液倒入新的清洁海水中，再经粗筛绢过滤，便可以得到浓度很大的底栖硅藻液。

③ 吊挂在海上的某些养殖器材（如扇贝笼、网箱等）上面的浮泥中往往附着有底栖硅藻。把这些浮泥刷洗下来，经过沉淀，取其上清液用筛绢过滤，去掉杂质，也可以得到底栖硅藻。

④ 贮水槽，特别是经常流水的贮水槽壁上，常附有数量可观的底栖硅藻，通过刷洗贮水槽壁也可以获得底栖硅藻。

3. 幼参饲料

进入幼参阶段，自然海区刺参可摄食底栖硅藻及大型藻类。养殖条件下以人工饲料为主，粗蛋白质量分数在 14% 左右。将各原料超微粉碎至 200 目，再混合均匀，按照体重的 3%~4% 投喂。各原料配比与稚参阶段类似，但配方中可以用大叶藻等代替鼠尾藻，扇贝边粉可用鱼粉代替。

4. 成参饲料

自然海区的成参食性较杂，人工养殖条件下，养成阶段的刺参粗蛋白需求量为 12% 左右。饲料以藻粉为主，并适量增加海泥的添加量。浅海网箱养殖中，为减少饲料流失而对环境造成影响，海泥添加量可增加至 60% 左右。成参饲料所用原料需分别粉碎至 80 目，再混合均匀，投喂量视养殖条件和刺参生长情况灵活掌握。建议各原料质量配比为藻粉 55%、海泥 37%、鱼粉 2%、豆粕 3%、啤酒酵母 2%、预混料 1%。

三、刺参发酵饲料

在刺参绿色高效养殖中，除维持健康生态的养殖环境，还要保证刺参饲料的健康和高效。人工配合饲料中常含有一些抗营养因子，如蛋白抑制因子、碳水化合物抑制因子、矿物元素生物有效抑制因子、拮抗维生素作用因子等，它们能刺激刺参免疫系统，干扰饲料中养分的消化、吸收利用，影响营养物质的消化率。饲料经过微生物发酵后，可以提供大剂量的活性乳酸菌及大量活性有益菌代谢产物、肽、细菌素、酶等，能对上述抑制因子在某种程度上起到一定的缓解作用。因此，发酵饲料的应用和有益微生物的介入，对提高饲料的消化率和快速建立刺参消化道的微生态平衡体系有很好的效果，在刺参绿色高效养殖中起着较为关键的作用。

刺参发酵饲料是在人为可控的条件下，通过微生物的代谢作用，降解部分多糖、蛋白质和脂肪等大分子物质，生成有机酸、可溶性多肽等小分子物质，形成营养丰富、适口性好、活菌含量高的生物饲料或饲料原料。其基本特点可归纳为：含有大量的活性微生物；多数以厌氧发酵方式进行生产。

刺参发酵饲料的生产工艺过去多是以固态发酵方式进行的，生产菌种以乳酸菌、芽孢杆菌和酵母菌为主，绝大多数采用厌氧或兼性厌氧发酵。发酵物料的含水量为 30%~40%，发酵时间和温度受环境影响很大。也有液态刺参发酵饲料，其含水量不固定，物料的酸性物质明显增加，营养组成更加合理，生产原料以海洋大型植物性原料为主，少量海洋动物性原料为辅。

与酶制剂、氨基酸和维生素等高附加值的生物制剂相比，刺参发酵饲料的生产工艺比较简单，设备投资也很少。但是这并不意味着饲料发酵技术没有多少技术含量，生产过程控制便可以比较粗放，也不需要严格管理。事实上，要想获得质量优良的微生物发酵饲料，不仅需要适当的设备投资，而且需要细致认真地操作。如果是企业自行生产的发酵剂，首先要选好菌种，做好菌种之间配伍与比例；如果外购发酵剂，需先试用观其效果，效果好再大量使用。

刺参发酵饲料生产工艺的精良与否，是决定刺参发酵饲料成败的关键。目前国内外关于刺参发酵饲料生产工艺（生产技术）的研究报道还很少，主要是模仿畜牧业饲料发酵方法，但是在运用操作上有很大的不同，常见的发酵方式有固态厌氧发酵和液体厌氧发酵两种。相对于好氧发酵，厌氧发酵的能耗低，微生物代谢产生的热量也要小得多，生产过程往往不需要翻拌散热，并且发酵产品只要密封得当，长期存放也不会腐败变质。

（1）固态厌氧发酵

固态厌氧发酵刺参配合饲料适合于专业饲料厂，其生产工艺流程为：发酵原料→粉碎机→过渡仓→电子秤→搅拌→超微粉碎→菌种液→搅拌→密封厌氧发酵→干燥器→计量和包装→成品。

适合养殖户自产自用的固态厌氧发酵方法是用一种普通的密封容器，在物料接种以后搅拌均匀装在容器中压实密封起来，物料的含水量为30%~40%。开始时，酵母菌和芽孢杆菌消耗容器中的氧气进行增殖和呼吸代谢，这个过程属于有氧发酵阶段，同时为乳酸菌创造一个厌氧的生活环境；然后酵母菌在无氧条件下进行糖酵解，这个过程属于无氧发酵阶段，产生酒精和 CO_2，在乳酸菌增殖、代谢的同时产生有机酸。随着容器内气压的不断增加，不断有 CO_2 和酒精带着有机酸排出容器，生产者可以根据排出的酸味判定物料发酵的成熟度。

在夏季,发酵 3~5 d 就有明显的酸香味;在冬季,发酵时间需要延长。如果环境温度低于 12 ℃,酵母在低温下长期代谢低迷,不产生 CO_2,使得外界的 O_2 长时间与接种的乳酸菌接触,可导致乳酸菌活力大减,甚至死亡,因此发酵有可能失败。如果环境温度适宜,时间控制得当,采用上述方法发酵,可以获得质量很好的刺参发酵饲料,其活性乳酸菌的数量能够达到 10^8 CFU/g以上。

(2)液体厌氧发酵

液体厌氧发酵刺参配合饲料适合于刺参育苗场或养殖场。一些大型育苗场和养殖户饵料需求量很大,外购成本较高,可采取自制发酵饲料进行投喂生产。其生产工艺流程为:发酵原料→粉碎机→过渡仓→电子秤→搅拌器→磨浆机→冷却→菌种液→搅拌→静置→厌氧发酵→投喂。

先将发酵原料(如马尾藻、海带、海泥等)用粉碎机粗粉碎,单独存放(过渡仓);根据生产配方,用电子秤称取各种原料,投入搅拌器中搅匀,再用磨浆机打浆,此时磨浆饲料的温度在 60~70 ℃,需要冷却至 40 ℃左右时加入菌种液,用搅拌器搅匀后静置 4~8 h 后,便可以投喂刺参。

四、刺参配合饲料生产

1. 刺参配合饲料生产厂设计

随着刺参养殖规模的扩大,一些大型企业往往自行生产刺参配合饲料,这一方面让饲料质量可控,另一方面可以减省饲料成本。刺参配合饲料生产主要包括原料采购、晾晒与储存、粗粉碎与超微粉碎、混合加工与二次混合加工、包装与储存及运输等过程,因此刺参配合饲料生产厂需要根据这一生产过程来进行设计。生产厂设计的质量不仅关系到基本建设投资费用的多少，而且直接影响投产后产品质量的好坏和各项技术经济指标的高低。因此，在设计中必须遵守以下设计原则。

①注意节约用地，不管是新建厂还是老企业改造、扩建，都不得随意扩大用地面积。同时，在保证产品质量的前提下，减少基建投资，并尽量缩短施工周期。

②尽量采用新工艺、新技术、新设备，使工厂在投产后能达到较高的技术经济指标，能取得较好的经济效益。

③充分考虑环境问题，对车间的防粉尘、降噪声、抗震、防火等方面的设计，要符合国家规定的有关标准和规范。

④各项设计应相互配合，土建、动力、给排水等设计应与工艺设计统筹考虑，不能相互脱节，否则会影响今后的产品质量、经济效益和生产管理。

在设计过程中，首先考虑的是厂址的选择问题。厂址一般应符合下列要求：交通方便，利于原料和成品运输，尽量缩短原料运输的距离，节省搬运费用和仓容；给排水和供电方便，符合安全和卫生要求，尽量避开或远离易燃、易爆、有毒气体和其他污染源的工厂企业；厂址的地势尽量平坦，且有良好的地质条件，以避免复杂的基础工程。

其次是工厂总平面设计。原则上要考虑以下几个方面：根据工艺流程、防火安全、施工要求等，结合厂区地形、地质、气象等自然条件，因地制宜布置厂区内建筑物、构筑物、露天晒场、公用管线、绿化及美化设施，使生产流畅、运输线路短、装卸方便；生产主车间和原、副料及成品库房，在符合防火、卫生的条件下，应尽量组合为联合厂房，以节约用地；生产车间应有良好的自然通风和采光条件，避免因朝向问题使操作条件恶劣；建筑物和场地标高的确定应考虑生产流程和运输线路的连接要求；必须遵循国家颁布的有关规范和行业规范标准。

最后要进行饲料生产工艺设计，主要内容包括工艺规范的选择、工序规范的确定、工艺参数的计算、工艺设备的选择、工艺流程图的绘制、工艺设备纵横剖面图绘制、工艺流程所需动力、通风除尘网络的计算及网络系统图的绘制、工序岗位操作人员安排、工艺操作程序的制定和程序控制方法的确定，以及设备、动力材料所需经费的概算等。

2. 刺参配合饲料生产设施设置

（1）原料接收场地与库房设置

刺参配合饲料的原料一般分为主原料和副原料两种，主原料指大型海藻和海泥，副原料有鱼粉、贝粉、虾粉、酵母、豆粕及微量元素等。对于这些原料的采购，需根据生产工艺设计要求确定。

在原料采购方面，应尽可能采购同一个地区的原料，以保持原料质量的一致性，保证产品质量的稳定性。主原料大型海藻和海泥的采购可以分为干品和鲜品两种。如果是采购鲜品，就必须设计晾晒场地，并且面积要求大；如果是采购干品，晾晒场地可以小点。但是无论采购哪一种，都必须有晾晒场地。副原料采购后一般直接进入库房，在库房中按照不同包装、用量、次序和性质设置好存放位置和空间，并做好标记（标签）。库房最好设置在离混合车间近的地方，并按照用量大小排序，以便于生产操作。

（2）粗粉碎与超微粉碎车间设置

采购的大型海藻干品或鲜品个体较大，必须经过粗粉碎后才能进入超微粉碎，以减少物料的粒度差别及变异范围，改善超微粉碎机工作状况，提高粉碎机的工作效率，保证产品质量稳定。粗粉碎设备应安置在靠近大型海藻储存库的地方，便于运输与节省加工费用。如果是简易的饲料加工厂，可以将经过粗粉碎的原料直接进入超微粉碎机再次加工；全自动现代化的饲料加工厂，一般会将粗粉碎的原料进入配料仓，再经过一次配料与混合设置后进行超微粉碎。

粉碎机应配置带式磁选喂料器和全自动负荷控制仪。带式磁选喂料器，一方面可使物料中所夹杂的铁磁性杂质被连续清理并排除机外，不需做定期的停机人工清杂，能减少停机时间，降低劳动强度；另一方面可使物料全宽度无脉动连续均匀地喂入粉碎室，从而保证粉碎机电流波动小，运转平稳高效。全自动控制仪，则可自动跟踪监测粉碎机电机的电流，并将信息反馈到带式磁选喂料器上，使主机的工作电流始终稳定在设定的最佳工作状态值上，不需人工干预和操作。

（3）一次配料与混合设置

进行简易饲料加工厂的配料与混合，首先应将各种原料进行超微粉碎（怕高温的除外，如电解多维等），利用称量设备将各种原料按照配方称取，粗混合后进入混合机内再混合，由混合机处理后再进入振动筛，将超过要求粒度的原料筛出，符合要求粒度的饲料进入待包装仓。由于刺参饲料具有容重小、自流性差等特点，因此配料仓应配备仓底活化装置，从而有效防止粉料的结拱现象。同时，应根据不同配方要求，力争配料过程全部由电脑控制自动实现。

超微粉碎机应与强力风选设备配套组合，同时需配置分级方筛清除粗纤维在粉碎过程中形成的细微小绒毛，以确保产品的优良品质。另外，为了彻底杜绝仓内结拱现象，在仓底结构上应采用偏心二次扩大设计，且所有经过超微粉碎后的原料出仓机均应采用叶轮式喂料器，以便灵活调节流量的大小。

（4）二次混合与制粒

在刺参配合饲料中，二次混合的目的是将怕高温的原料和添加剂物料再次均匀混合，使所有物料混合均匀度达到93%以上。该过程是保证饲料质量的关键环节，一般以批次混合，每批次至少混合 1 t 的量，具体可根据设备整体设计确定。

目前刺参育苗配合饲料以粉状料为主，成参养殖用饲料在二次混合后制成颗粒料。如果用于制粒，在二次混合时还需要添加黏合剂，并在过渡斗上增设破拱装置，以保证物料连续均匀地喂入制粒机。

物料经调质压制成颗粒后，进入干燥组合机，在高温高湿环境下进一步熟化，使其性状成分转变。这一熟化过程相当于帮助刺参体外预消化，熟化后的高湿度物料必须通过干燥机进行降水。物料的冷却可采用液压翻板逆流式冷却器，采用这种工艺处理后的物料，不仅可以提高淀粉的糊化程度、增大蛋白质原料的水解度，以利于刺参的消化吸收，而且可以增强颗粒饲料的耐水性，延长喂食时间，降低水质污染程度。小型饵料厂在没有上述条件的情况下生产颗粒饲料时，一般仅备有颗粒机，挤压出来的产品直接在水泥地面上晾晒，然后直接包装销售或直接投喂使用。

（5）物料调质

物料调质是刺参颗粒饲料生产的一个重要环节，往往被人们忽视。调质就是对饲料进行水热处理，使物料软化、淀粉糊化、蛋白质变性，提高压制颗粒的质量和效果，并改变饲料的适口性，提高其消化吸收率。调质最常见的办法是直接通入蒸汽进行水热处理，然后通过间接蒸汽进行加热，在使用微生物进行处理颗粒饲料的同时，加入蒸汽和糖蜜等液体对物料进行调质处理。在调质过程中，应注意以下几个方面：温度要适宜，一般在54～

60 ℃，在加工前应添加 12%~13% 的水；汽水分离器应尽可能靠近调质器，且压力应稳定，以免产生冷凝现象。

（6）包装与储存

用于刺参育苗的粉状饲料加工后，进行打包前的保险筛处理，电脑称量打包装袋；而用于成参的颗粒饲料加工干燥和冷却后，经平面回转分级筛，按照不同颗粒大小进入成品料仓，成品料可直接从仓内放出，经电脑称量打包装袋。不符合要求的物料过筛后，进入待破碎料仓，然后由超微粉碎机或破碎机粉碎后作为废料集中收集，以后作为小宗原料搭配使用。

对饲料进行包装，可以保证饲料的品质和安全，并能方便使用。饲料在储存、运输过程中，常会因储存环境阴暗、潮湿、高温、虫害、鼠害等因素造成饲料发霉、氧化及污染，使饲料变质。采用适宜的包装材料和技术措施，可以防止或减少饲料发生因以上原因引起的变质。对饲料包装的要求主要是防潮、防陈化、防虫等。目前在刺参饲料生产包装中，主要使用防潮包装袋，即在袋中衬一层聚乙烯薄膜袋，基本上可保证防潮和透气性，保持饲料的新鲜状态。包装袋要求严密无缝、无破损，大小适宜，便于填充装料和封口。

饲料包装的工艺过程主要包括自动定量秤称重、人工套袋打包、输送和缝口，一般需两个人配合完成。自动定量包装秤由给料系统、称重系统、秤斗打包筒和自动控制系统组成。封口机将缝纫机头安装在一个立式可调整机头高低的机座上，工作前调整好机头高度、缝口针距和行程开关位置，使机头工作时按序完成启动、缝口、割线和停止等步骤。袋包输送机可用平胶带输送机、V 形胶带输送机等。

3. 刺参饲料生产中应注意的问题

（1）质量控制

质量控制是配合饲料加工过程中的重要环节，需要对产品从原料进厂到成品出厂整个过程实行控制，使产品达到规定的质量标准。在刺参配合饲料生产过程中，首先要对饲料原料进行选择控制，把好取样检测关，做好样品登记与保管；同时要进行感官检验，包括对水分（粗略）、颜色、异味、杂质、霉变、虫蚀和结块等的检查。检验分析中应控制住允许误差，如粉碎粒度、粗脂肪含量、蛋白质含量、粗纤维含量、粗灰分含量及主要微量元素含量等。特别需要强调的是对鱼粉的检查，正常情况下鱼粉外观呈淡黄色、棕褐色、红棕色或青褐色粗粉状，稍有鱼腥味，纯鱼粉口感有鱼肉松味，不得含沙及鱼粉以外的物质，必须无酸败、氨臭、虫蛀、结块及霉变，水分不超过12%，挥发性氨氮（氨态氮）不超过0.3%。

（2）安全与卫生控制

刺参饲料厂安全与卫生控制不容忽视。安全包括控制噪声污染、粉尘污染及做好机械操作保护等；卫生包括环境卫生、有害生物控制、微生物控制等。

饲料厂中粉碎机、高压离心风机、初筛机等在工作时产生的噪声一般为90 dB，可对人的听力造成损伤、导致心血管系统功能失调，以及诱发多种疾病。一般采取吸声、隔声、隔震、阻尼及消声等控制方法。对高频率噪声设备，以阻尼性吸收噪声为主；对低频噪声设备，以抗性吸收噪声为主。选用低噪声新型饲料粉碎机，用装有消声器的空气压缩机，提高设备的平衡精度，减少机器各零部件的撞击、摩擦或振动等降低噪声，能达到最佳的控制效果。

粉尘是饲料工业中主要的空气污染物。在饲料原料与成品加工过程中，因空气动力分离作用而在饲料厂区及其周边散布粉尘。为了有效控制粉尘，饲料厂应尽可能在所有的原料接收区采取某种形式的封闭措施，控制物料流量和自由下落的距离，以尽可能减少粉尘的产生。在散装物料区，应尽可能采用粉尘污染较少的先进设备，如螺旋式和刮板式输送机相较于带式输送机和气力输送机产生的粉尘量少。在加工区，要设置 3~4 个吸尘点，用合适的集尘器控制各个区域的粉尘。除尘方法主要有干法和湿法两种。饲料厂常用的是干法除尘——离心除尘器和布袋除尘器。

从安全的角度讲，还应该考虑防火问题。引起火灾的原因有很多，如机械摩擦、撞击产生的热源，各种电器过热和短路、闪电放电、雷击等带来的火花，吸烟等明火造成的物料和粉尘的燃烧。火灾还可能引发爆炸。

五、刺参饲喂中应该注意的问题

使用购置的刺参配合饲料时，首先要详读产品说明书，了解饲料的主要原料与营养成分比例、适用范围、使用方法、投喂量、生产日期等。

有些企业生产的刺参配合饲料蛋白质含量比较高，而海泥添加量比较少，使用单位可以根据本单位生产情况适当添加一定量的海泥或其他原料。

应防范在饲料中添加激素、抗生素等物质，以免影响刺参产品质量达不到检疫安全标准；过期的饲料容易出现氧化、霉变，不仅不能达到促进刺参生长的目的，而且容易引发各种疾病，一定不要使用；可通过肉眼检查饲料形态与鼻闻气味判断饲料的好坏，结块的饲料虽然没有过期，但可能是储存受潮，如果有不正常的气味，大多数是因为产生氧化和霉变造成的，坚决不能使用。

在使用发酵饲料时，首先要闻其气味，若气味不对，则坚决不能使用。购置的发酵饲料，每袋开封后，尽可能在 3 d 内用完，以保障其质量不发生变化。自制的发酵饲料，发酵时间不要过长，可以采取半发酵的方法。特别是在夏季，如果饲料发酵时间过长、酸度过大，刺参在摄食时会受气味影响而减少摄食，甚至会引起吐肠。

参考文献

[1] 隋锡林.海参增养殖[M].北京:农业出版社,1990.

[2] 谢忠明.刺参 海胆增养殖技术[M].北京:金盾出版社,2004.

[3] 中国科学院中国动物志编辑委员会.中国动物志:棘皮动物门:海参纲[M].北京:科学出版社,1997.

[4] 廖玉麟.我国的海参[J].生物学通报,2001,35(9):1-3.

[5] 常亚青,丁君,宋坚,等. 海参、海胆的生物学研究与养殖[M].北京:海洋出版社,2004.

[6] 杨红生,周毅,张涛.刺参生物学:理论与实践[M].北京:科学出版社,2014.

[7] 任同军,孙永欣,韩雨哲.刺参的营养饲料与健康调控[M].南京:东南大学出版社,2019.

[8] 于东祥,孙慧玲,陈四清,等.海参健康养殖技术[M].2 版.北京:海洋出版社,2010.

[9] 王吉桥,田相利.刺参养殖生物学新进展[M].北京:海洋出版社,2012.

[10] 袁成玉.无公害海参饲料生产与应用技术[M].沈阳:辽宁科学技术出版社,2015.

[11] 麦康森.水产动物营养与饲料学[M].2 版.北京:中国农业出版社,2011.

[12] 李爱杰.水产动物营养与饲料学[M].北京:中国农业出版社,1996.

［13］ 周书珩.刺参育苗系统中敌害生物:玻璃海鞘(*Ciona intestinalis*)的防治［D］.乌鲁木齐:新疆农业大学,2008.

［14］ 隋锡林,陈远,胡庆明,等.亲参人工升温促熟培育研究初报［J］.水产科学,1985,4(3):28-31.

［15］ 隋锡林,刘永襄,刘永峰,等.刺参生殖周期的研究［J］.水产学报,1985,9(4):303-310.

［16］ 陈冲,隋锡林,许伟定,等.刺参海上网箱中间育成初探［J］.水产科学,1990,9(4):28-30.

［17］ 邓欢,隋锡林.刺参育苗期常见流行病［J］.水产科学,2004,23(3):40.

［18］ 董颖,邓欢,隋锡林,等.养殖仿刺参溃烂病病因初探［J］.水产科学,2005,24(3):4-6.

［19］ 王印庚,荣小军,张春云,等.养殖海参主要疾病及防治技术［J］.海洋科学,2005,29(3):1-7.

［20］ 邓欢,周遵春,韩家波."胃萎缩症"仿刺参幼体及亲参组织中病毒观察［J］.水产学报,2008,32(2):315.

［21］ 马悦欣,徐高蓉,常亚青,等.大连地区刺参幼参溃烂病细菌性病原的初步研究［J］.大连海洋大学学报,2006,21(1):13-18.

［22］ 王吉桥,李飞,卢梦华,等.海参土池生态育苗技术［J］.水产科学,2005,24(11):41-42.

［23］ 何振平,王秀云,任建功.刺参苗种池塘小网箱培育试验［J］.水产科学,2006,25(11):581-582.

［24］ 马雪健,刘大海,胡国斌,等.多营养层次综合养殖模式的发展及其管理应用研究［J］.海洋开发与管理,2016,33(4):74-78.

［25］ 李华琳,张明,王庆志,等.浅海网箱中刺参幼虫培育试验

[J].渔业研究,2016,38(5):357-362.

[26] 滕炜鸣,王庆志,周遵春,等.刺参与日本囊对虾的池塘混养效果研究[J].大连海洋大学学报,2018,33(3):283-288.

[27] 赵慧,柴雨.海参混养模式的初步研究[J].农业与技术,2018,38(14):137.

[28] 朱伟,麦康森,张百刚,等.刺参稚参对蛋白质和脂肪需求量的初步研究[J].海洋科学,2005,29(3):54-58.

[29] 王吉桥,赵丽娟,苏久旺,等.饲料中脂肪及乳化剂含量对仿刺参幼参生长和体组成的影响[J].大连海洋大学学报,2016,24(1):17-23.

[30] LIAO M L,REN T J,CHEN W,et al.Effects of dietary lipid level on growth performance,body composition and digestive enzymes activity of juvenile sea cucumber,*Apostichopus japonicus*[J].Aquaculture research,2017,48(1):92-101.

[31] LI B S,WANG L L,WANG J Y,et al.Requirement of vitamin E of growing sea cucumber *Apostichopus japonicus* Selenka[J]. Aquaculture research,2020,51(3):1284-1292.

[32] 王丽丽.仿刺参(*Apostichopus japonicus* Selenka)幼参对维生素 A、D_3、E 最适需求量的研究[D].上海:上海海洋大学,2018.

[33] 王熙涛,徐永平,金礼吉,等.仿刺参绿色饲料添加剂研究的进展[J].水产科学,2014,33(6):393-397.

[34] 沈朕,王晓兰,韩雅萌,等.3 种复方中药饲料添加剂对刺参生长及免疫力的影响[J].贵州农业科学,2016,44(4):103-105.

[35] 翟奥博.复合微生态制剂对刺参幼参生长、水质及免疫相关酶的影响[D].大连:大连海洋大学,2017.

[36] ZHANG Q,MA H M,MAI K S,et al.Interaction of dietary Bacillus subtilis and fructooligosaccharide on the growth performance,non-specific immunity of sea cucumber,*Apostichopus japonicus*[J].Fish & shellfish immunology,2010,29(2):204-211.

[37] OKORIE O E,KO S H,GO S,et al.Preliminary study of the optimum dietary riboflavin level in sea cucumber,*Apostichopus japonicus*(selenka)[J].Journal of the world aquaculture society,2011,42(5):657-666.

[38] 张琴,麦康森,张文兵,等.饲料中添加硒酵母和维生素 E 对刺参生长、免疫力及抗病力的影响[J].动物营养学报,2011,23(10):1745-1755.

[39] 秦搏,陈四清,常青,等.饲料中添加纤维素酶对幼刺参生长性能、消化能力和非特异性免疫力的影响[J].动物营养学报,2014,26(9):2698-2705.

[40] 武明欣.酶制剂对刺参生长、消化及免疫能力的影响[D].上海:上海海洋大学,2015.

[41] 包鹏云,李璐瑶,徐哲,等.海洋红酵母 H26 对刺参幼参生长、免疫指标和肠道菌群的影响[J].大连海洋大学学报,2019,34(5):615-622.

[42] 周文铭,李俐颖,孙欣宇,等.复合微生物净水剂在仿刺参养殖中的应用[J].水产科学,2021,40(5):686-692.

[43] 李树英.柞蚕抗病活性物质的提取及应用[J].中国蚕业,2015,36(1):20-24.

[44] WANG X D,ZHOU Z C,GUAN X Y,et al.Effects of dietary *Lactobacillus acidophilus* and tussah immunoreactive substances supplementation on physiological and immune characteristics of

sea cucumber(*Apostichopus japonicus*)[J].Aquaculture,2021,
542(15):736897.

[45] 靖凯霖.特异性卵黄抗体对灿烂弧菌感染仿刺参的保护作
用研究[D].大连:大连理工大学,2016.

[46] 毕楠.海参 i-型溶菌酶和抗菌肽饲喂海参和肉鸡的试验研究
[D].大连:大连工业大学,2018.

[47] 宋志东,王际英,王世信,等.不同生长发育阶段刺参体壁营
养成分及氨基酸组成比较分析[J].水产科技情报,2009,36
(1):11-13.

[48] 周遵春,董颖,许伟定,等.仿刺参养殖池塘底栖大型藻类过
度繁殖控制技术:CN200910012345.8[P].2012-05-02.